FOSSILES CARACTÉRISTIQUES

Ère tertiaire

Lt-Colonel **LAMOUCHE**

FOSSILES CARACTÉRISTIQUES

Préface de M. Ch. BARROIS

Membre de l'Institut
Professeur de Géologie à la Faculté des Sciences de Lille

CINQUIÈME FASCICULE

Terrains de l'ère tertiaire

(Nummulitique)

34 planches, 431 figures, 151 espèces avec légendes

PARIS
LIBRAIRIE SCIENTIFIQUE J. HERMANN
6, RUE DE LA SORBONNE, 6

1927

FOSSILES CARACTÉRISTIQUES

Explication des 34 planches

du cinquième fascicule

renfermant 151 espèces des terrains indiqués dans le tableau
ci-joint, à l'exclusion des végétaux, qui sont groupés dans le
sixième fascicule.

1º Chaque fossile est reproduit en grandeur naturelle, sauf indication
de réduction ou de grossissement mise en abrégé à côté de la figure.

2º Les fossiles sont groupés par séries dont chacune porte un numéro
d'ordre et correspond à une des grandes divisions de la stratigraphie.

3º Chaque espèce porte deux numéros séparés par un point. Le petit
numéro, celui de droite, est celui de la série, donc de l'étage. Le
numéro en caractères plus gros, celui de gauche, est le numéro
d'ordre du fossile dans la série.

Cette notation a été adoptée pour rendre l'album indéfiniment perfectible
puisque chaque série est illimitée.

TABLEAU DE CONCORDANCE DE QUELQUES TERMES EMPLOYÉS DANS LA STRATIGRAPHIE DE L'ÈRE TERTIAIRE

Oligocène

- supérieur
  - Calcaire de Beauce ——— Aquitanien ———
  - Sables de Fontainebleau ——— Chattien ou Casselien ——— Stampien ——— Rupélien
- inférieur :
  - Calcaire de Brie ——— Sannoisien, Lattorfien ou Tongrien

} Néo-nummulitique

Eocène

Parisien de d'Orbigny
- Gypse / Calcaire de Saint-Ouen / Sables de Beauchamp | Priabonien. — Bartonien-Ludien { Asschien / Wemmelien — Lédien (2) ; Auversien ——— Lédien
- Calcaire grossier ——— Lutétien { supérieur / inférieur } Bruxellien (1)

} Méso-nummulitique

Suessonien de d'Orbigny
- Sables de Cuise ou Argile des Flandres / Argile plastique / Sables de Bracheux — Londinien { Cuisien ——— Yprésien ; Sparnacien ; Thanétien } ——— Landénien

} Eo-nummulitique

Passage du Crétacé à l'Eocène ——— Montien

(2) Le terme Lackénien *(stricto sensu)* désigne la base du Lédien.
(1) Le terme Paniselien, aujourd'hui abandonné, comprenait des formations de l'Yprésien et du Bruxellien.

44 — MONTIEN

1.₄₄. — *Campanile maximum* BINKHORST (= *Campanile Briarti* RUTOT et VAN DEN BROECK). — *a)* Contre-empreinte, 7/8 gr. nat. — *b)* Moule interne, 7/8 gr. nat., de la même coquille. Leriche, Les Campaniles du tuffeau de Ciply et du calcaire de Cuesmes ; in Ann. Soc. zool. et malacol. de Belgique, t. XLVII, 1912, pl. I, fig. 1 et 2.

2.₄₄. — *Turritella montensis* BRIART et CORNET. — *a)* Variété A, gr. nát. — *b)* Variété B, gr. nat. — *c)* Variété C, gr. nat. et grossie deux fois. Briart et Cornet, Description des fossiles du calcaire grossier de Mons ; in Mém. Acad. royale sc. let. et b.-arts de Belgique, 1873, 2ᵉ partie, pl. 11, fig. 2 a, 2 b, 11 a b c et 12.

3.₄₄. — *Cerithium inopinatum* DESHAYES. Briart et Cornet, Description des fossiles du calcaire grossier de Mons ; in Mém. Acad. royale sc. let. et b.-arts de Belgique, 1873, 2ᵉ partie, pl. 8, fig. 1 a b.

4.₄₄. — *Cardium trifidum* DESHAYES. Cossmann, Pélécypodes du Montien de Belgique ; in Mém. Mus. roy. Hist. Nat. de Belgique, Bruxelles, 1908, pl. IV, fig. 39, 40 et 41, gr. nat.

5.₄₄. — *Corbis montensis* COSSMANN. Cossmann, Pélécypodes du Montien de Belgique ; in Mém. Mus. roy. Hist. Nat. de Belgique, Bruxelles, 1908, pl. III, fig. 1, 2 et 5, gr. nat.

6.₄₄. — *Crassatella montensis* COSSMANN. Cossmann, Pélécypodes du Montien de Belgique ; in Mém. Mus. roy. Hist. Nat. de Belgique, Bruxelles, 1908, pl. V, fig. 1 et 4, gr. nat.

7.₄₄. — *Physa montensis* BRIART et CORNET. Briart et Cornet, Description des fossiles du calcaire grossier de Mons ; in Mém. Acad. royale sc. let. et b.-arts de Belgique ; 4ᵉ partie, 1886, pl. 23, fig. 15.

45 — THANÉTIEN

1.₄₅. — *Cyprina Morrisi* SOWERBY. Sowerby, The Mineral Conchology of great Britain, vol. VII, pl. 620, fig. 2, 3 et 4.

2.₄₅. — *Cucullæa crassatina* LAMARCK. Deshayes. Description des Coquilles fossiles des environs de Paris, Paris, 1837, atlas, t. I, pl. XXXI, fig. 8 et 9, gr. nat.

3.₄₅. — *Pectunculus terebratularis* LAMARCK. Deshayes, Description des Coquilles fossiles des environs de Paris ; Paris, 1837, atlas, t. I, pl. XXXV, fig. 10 et 11, gr. nat.

4.₄₅. — *Pholadomya Konincki* NYST. Deshayes, Description des Animaux sans vertèbres, Paris, 1860, atlas, t. I, pl. IX, fig. 13 et 14.

5.₄₅. — *Ostrea bellovacensis* (ou *bellovacina*) LAMARCK emend. Deshayes, Description des Coquilles fossiles des environs de Paris, Paris, 1837, atlas, t. I, pl. XLVIII et XLIX, grandeur un peu réduite.

6.₄₅. — *Cyprina scutellaria* DESHAYES. Individu de taille moyenne (figure un peu réduite). Deshayes, Description des Coquilles fossiles des environs de Paris, Paris, 1837, atlas, t. I, pl. XX, fig. 1, 2 et 3.

7.₄₅. — *Cardita (Venericardia) pectuncularis* [LAMARCK]. Deshayes, Description des Coquilles fossiles des environs de Paris, Paris, 1837, atlas, t. I, pl. XXV, fig. 1 et 2, gr. nat.

8.₄₅. — *Physa gigantea* MICHAUD. Deshayes, Description des Animaux sans vertèbres, Paris, 1866, atlas, t. II, pl. XLIV, fig. 1, 2 et 3, gr. nat.

9.₄₅. — *Paludina aspersa* MICHAUD. — *a)* Coquille gr. nat. vue par l'ouverture. — *b)* La même, vue en-dessus. — *c)* et *d)* Détails grossis de la structure extérieure. Deshayes, Description des Animaux sans vertèbres, Paris, 1866, atlas, t. II, pl. XXXII, fig. 1, 2, 3 et 4.

10.₄₅. — *Megalostoma (Cyclostoma) Arnouldi* [MICHAUD]. Figure 1 fois 1/2 gr. nat. Deshayes, Description des Animaux sans vertèbres, Paris, 1866, atlas, t. II, pl. LVII, fig. 13 et 14.

11.₄₅. — *Helix hemisphærica* MICHAUD. — *a)* Figure gr. nat. montrant l'ouverture. — *b)* La même, vue en-dessus. — *c)* La même, vue en-dessous et montrant l'ombilic. — *d)* Portion grossie de la surface. Deshayes, Description des Animaux sans vertèbres, Paris, 1866, atlas, t. II, pl. L, fig. 1, 2, 3 et 4.

12..₁₅. — *Arctocyon primævus* BLAINVILLE. Animal dont les dents ne sont pas coupantes ; elles indiquent le régime omnivore des ours ; la forme du crâne et la grandeur des trous palatins rapprochent cette espèce des marsupiaux. — *a)* Crâne, vu par la face supérieure, 1/2 gr. nat. — *b)* Le même, vu par la face inférieure. — *c)* Mandibule gauche, avec P_3-M_3, vue par-dessus, gr. nat. — *d)* La même mandibule, vue du côté externe, gr. nat. — *e)* Fragment de maxillaire supérieur, avec P_4-M_3, gr. nat. P. Teilhard de Chardin, Les Mammifères de l'éocène inférieur français, in Annales de Paléontologie, t. XI, 1916-1921, pl. VI, fig. 1, 2 et 4.

13..₁₅. — *Pleuraspidotherium Aumonieri* LEMOINE. — *a)* Crâne, gr. nat., vu par la face inférieure (la région prémaxillaire est en partie restaurée). — *b)* Le même, vu par la face supérieure. La faune des dépôts de Cernay est essentiellement une faune de transition, mélange de formes archaïques peu variées (Neoplagiaulax, Arctocyon, etc...) et de formes qui sont, ou bien des types anciens très spécialisés, ou bien des espèces franchement modernisées. C'est le groupe des Pleuraspidothéridés qui fixe le degré d'évolution où était parvenue, au Thanétien, la faune des Mammifères. P. Teilhard de Chardin, Les Mammifères de l'éocène inférieur français, in Annales de Paléontologie, t. XI, 1916-1921, pl. II, fig. 2 et 2 a.

46 — SPARNACIEN

1. *40*. — *Cyrena cuneiformis* Férussac Deshayes, Description des Coquilles fossiles des environs de Paris, Paris. 1837, atlas, t. I, pl. XIX, fig. 1 et 2, gr. nat.

2. *40*. — *Potamides papalis*]Deshayes]. Deshayes, Description des Coquilles fossiles des environs de Paris, Paris, 1837, atlas, t. II, pl. XLIII, fig. 11 et 12, gr. nat.

3. *40*. — *Potamides turris* [Deshayes] Deshayes, Description des Coquilles fossiles des environs de Paris, Paris, 1837, atlas, t. II, pl. LI, fig. 13 et 14, gr. nat.

4. *40*. — *Potamides funatus* [Mantell] (= *Cerithium variabile* Deshayes). Deshayes, Description des Coquilles fossiles des environs de Paris, Paris, 1837, atlas. t. II, pl. LXI, fig. 25, 26 et 29.

5. *40*. — *Melania inquinata* Defrance. — *a)* Echantillon type. — *b)* et *c)* Autre individu provenant de Rilly. Figures reproduites d'après Paleontologia universalis planche 59, fig. T_1, Pa et Pb, gr. nat.

6. *40*. — *Paludina suessoniensis* Deshayes. Deshayes, Description des Animaux sans vertèbres, Paris, 1866, atlas, t. II, pl. XXXIII, fig. 3 et 4.

7. *40*. — *Hyracotherium leporinum* Owen. Palais montrant à droite les trois Molaires (M_3, M_2 et M_1) et deux prémolaires (P_4 et P_3) ; à gauche deux molaires (M_2 et M_1) et trois prémolaires (P_4, P_3 et P_2). Gr. nat. — Ch. Depéret, Revision des formes européennes de la famille des Hyracothéridés, in Bull. Soc. géol. Fr. 4e série, I, 1901, p. 199, pl. IV, fig. 1.

8. *40*. — *Propachynolophus Gaudryi* Lemoine. — *a)* Dentition supérieure, de M_1 à P_2, composite. Type de Lemoine (Lemoine, 1878, pl. III, fig. 1), gr. nat. — *b)* et *c)* Mandibule gauche ; type de Lemoine (Lemoine, 1878, pl. III, fig. 1), gr. nat. P. Teilhard de Chardin, Les Mammifères de l'éocène inférieur français ; in Annales de Paléontologie, t. XI, 1916-1921, pl. VIII, fig. 7, 8 et 8 a.

47 — YPRÉSIEN ou CUISIEN

1.₍₇₎. — *Alveolina oblonga* D'ORBIGNY. — *a)* Individu vu de profil, grossi 5 fois.
— *b)* Section équatoriale, grossie 13 fois. — *c)* Section méridienne, grossie 13 fois. Checchia-Rispoli, Giuseppe, Sopra alcune
Alveoline eoceniche della Sicilia ; Palaeontographia Italica, vol. XI,
1905, pl. 12 (1), fig. 6 et 7. Checchia-Rispoli, Giuseppe, Nuova
contribuzione alla conoscenza delle Alveoline eoceniche della
Sicilia ; Palaeontographia Italica, vol. XV, 1909, pl. I, fig. 4.

2.₍₇₎. — Couple *Nummulites planulatus* LAMARCK — *elegans* [SOWERBY]. A : forme
mégasphérique, grossie 5 fois, de Cuise-la-Motte. B : forme microsphérique, grossie 5 fois, de Cuise-la-Motte. Sowerby, The Mineral
Conchology, pl. 538, fig. 2· de Lapparent et Fritel, Foss. caract.
des terr. vol. III, 1886, pl. II, fig. 17 et 18, gr. nat. Jean Boussac,
Etudes paléont. sur le nummulitique alpin, Mém. pour servir à
l'explic. de la Carte géol. détaillée de la Fr. 1911, pl. I, fig. 4, 8 et 9.

3.₍₇₎. — *Cyrena Gravesi* DESHAYES. Deshayes, Description des Coquilles fossiles
des environs de Paris, Paris, 1837, atlas, t. I, pl. XIX, fig. 3 et 4,
gr. nat.

4.₍₇₎. — *Teredina personata* LAMARCK. Cossmann et Pissarro, Iconographie complète des coq. foss. de l'éocène des env. de Paris, t. I, pl. I, fig. 6-1,
2/3 gr. nat. et gr. double.

5.₍₇₎. — *Velathes Schmiedeli* CHEMNITZ (= *Nerita conoidea* DESHAYES). Cossmann
et Pissarro, Iconographie complète des coq. foss. de l'éocène des
env. de Paris, t. II, pl. VI, fig. 40-1, gr. nat.

6.₍₇₎. — *Turritella Solanderi* MAYER EYMAR (= *Turritella edita* DESHAYES non
SOWERBY) (= *Turritella imbricataria* var. b DESHAYES). Deshayes,
Description des Coquilles fossiles des environs de Paris, Paris,
1837, atlas, t. II, pl. XXXVI, fig. 7 et 8, gr. nat.

7.₍₇₎. — *Cerithium acutum* DESHAYES (= *Lampania (Batillaria) subacuta*
[D'ORBIGNY]. Deshayes, Description des Coquilles fossiles des environs de Paris, Paris, 1837, atlas, t. II, pl. XLIII, fig. 1 et 2, gr. nat.

48 — LUTÉTIEN

1.48. — Couple *Nummulites lævigatus* BRUGUIÈRE — *Lamarcki* D'ARCHIAC et
HAIME. — *a)* Roche garnie d'exemplaires, gr. nat. — *b)* Forme A,
mégasphérique. grossie 5 fois — *c)* Section équatoriale de la
forme A, grossie 10 fois. — *d)* Section méridienne de la forme B,
grossie 5 fois. — *e)-f)* Forme B, microsphérique, grossie 5 fois.
Martelli, I fossili dei terreni eoceni di Spalato in Dalmazia, Palæ-
ontographia Italica, vol. VIII, 1902, pl. 1, fig. 12. Jean Boussac,
Etudes paléontologiques sur le Nummulitique alpin, Mém. pour
servir à l'explic. de la Carte géol. détaillée de la Fr. pl. II, fig. 3,
5, 17 et 19. Vallet et Dollot, Etude du sol parisien, 1906, pl. 7.

2.48. — Couple *Nummulites complanatus* LAMARCK — *perforatus* [DE MONTFORT].
Forme A mégasphérique, grossie 5 fois. Forme B microsphérique,
grossie 5 fois. Jean Boussac, Etudes paléontologiques sur le Nummulitique alpin, Mém. pour servir à l'explic. de la Carte géol.
détaillée de la Fr. pl III, fig. 1, 2, 4 et 6.

3 48. — *Orbitolites complanatus* LAMARCK. Hardouin Michelin, Iconographie
zoophytologique, Paris, 1840-1847, pl. 46, fig. 4 a b.

4.48. — *Assilina spira* [DE ROISSY] (= *Assilina planospira* D'ARCHIAC). Tellini
Achille. Le Nummuliti della Majella delle Isole Tremiti del Pro-
montorio di Garganico. Bull. Soc Géol. Ital. vol. IX. 1890,
pl. XIII, fig. 8 et pl. XIV, fig. 40. A. d'Archiac, Description des
fossiles du groupe nummulitique : Mém. Soc. Géol. Fr. 2e série,
III, 1re partie, 1848, p 417 pl IX, fig. 17 et 17 a.

5.48. — *Turbinolia sulcata* LAMARCK. Milne Edwards et J. Haime, A Monogra-
phy of the british corals; Part. I, p. 13, tab. III, fig. 3 a b c.

6.48. — *Eupsammia trochiformis* [PALLAS] (= *Turbinolia elliptica* AL. BRON-
GNIART). Hardouin Michelin, Iconographie zoophytologique, Paris,
1840-1847, pl. 43, fig. 6.

7.48. — *Ditrupa strangulata* DESHAYES. Echantillons gr. nat. provenant de
Montigny près Ribécourt (Oise). Collection de la Faculté des
Sciences de Lille.

8.48. — *Maretia grignonensis* [DESMARETS] (= *Maretia Omaliusi* [GALEOTTI]).
Cotteau, Pal. fr. terr. tertiaires, invertébrés, t. I, échimides éocènes, Paris, 1885-1889, p. 30, pl. 3, fig. 1 à 4.

9.48. — *Lenita patellaris* [LESKE] (= *Lenita patelloides* FORBES). — *a)* Individu, vu sous trois aspects, gr. nat. de Grignon (Seine-et-Oise).
— *b)* Individu, vu sous trois aspects, gr. nat. du Plateau du Four,
au large du Croisic (Loire-Inférieure). — *c)* Face inférieure et face
supérieure, grossies. Cotteau, Pal. fr., Echinides éocenes, t. II,
1889-1894, p. 380, pl. 293.

10.₁₈. — *Echinolampas stelliferus* [LAMARCK]. Cotteau, Pal. fr., Echinides éocènes, t. II, 1889-1894, pl. 218, fig. 1, **2**, 3 et 6.

11.₁₈. — *Echinolampas calvimontanus* [KLEIN]. Cotteau, Pal. fr., Echinides
éocènes, t. II, 1889-1894, pl. 202, fig. 1, **2**, 3 et 4.

12.₁₈. — *Echinanthus issyavensis* [KLEIN]. Cotteau, Pal. fr., Echinides éocènes,
t. I, 1885-1889, pl. 154, fig. 1 à 4.

13.₁₈. — *Pinna margaritacea* LAMARCK. Moule intérieur sur lequel la partie
nacrée seule existe, vu en dessus, gr. nat. Deshayes, Description
des Coquilles fossiles des environs de Paris, Paris, 1837, atlas,
t. I, pl. XLI, fig. 15.

14.₁₈. — *Lucina saxorum* LAMARCK. Deshayes, Description des Coquilles fossiles
des environs de Paris, Paris, 1837, atlas, t. I, pl. XV, fig. 5 et 6,
gr. nat.

15.₁₈. — *Lucina concentrica* LAMARCK. Deshayes, Description des Coquilles fossiles des environs de Paris, Paris, 1837, atlas, t. I, pl. XVI, fig. 11
et **12**, gr. nat.

16.₁₈. — *Lucina gigantea* DESHAYES. Deshayes, Description des Coquilles fossiles
des environs de Paris, Paris, 1837, atlas, t. I, pl. XV, fig. 11 et 12,
gr. nat.

17.₁₈. — *Corbula gallica* LAMARCK. Deshayes, Description des Coquilles fossiles
des environs de Paris, Paris, 1837, atlas, t. I, pl. VII, fig. 1, 2 et 3,
gr. nat.

18.₁₈. — *Corbis lamellosa* LAMARCK. Cossmann et Pissarro, Iconographie complète des coquilles fossiles de l'éocène des environs de Paris, t. I,
pl. XXII, fig. 78-1, gr. nat.

19.₁₈. — *Cardium porulosum* LAMARCK. Deshayes, Description des Coquilles fossiles des environs de Paris, Paris, 1837, atlas, t. I, pl. XXX, fig. 1
et 2, gr. nat.

20.₁₈. — *Chama lamellosa* LAMARCK. C : crochet — D_1 et D_2 : dents cardinales —
F : fossette cardinale — I : impression musculaire — L : fosse
ligamentaire. Jourdy, Hist. nat. des exogyres, in Ann. de Paléont.
t. XIII, 1924, p. 11, fig. 1. J. Boussac, Evolution de *chama lamellosa* ; appendice à Essai sur l'évolution des cérithidés, in Ann.
Hébert, t. VI, Paris, 1912, pl. XVI, fig. 1 et **2**, gr. nat. Deshayes,
Description des Coquilles fossiles des environs de Paris, Paris,
1837, atlas, t. I, pl. XXXVII, fig. 1, gr. nat.

21.₁₈. — *Chama calcarata* LAMARCK. — *a)* Valve supérieure, vue en dessus, gr.
nat. — *b)* La même, vue en dedans. — *c)* Les valves réunies, vues
en dessus, gr. nat. Deshayes, Description des Coquilles fossiles
des environs de Paris, Paris, 1837, atlas, t. I, pl. XXXVIII, fig. 5,
6 et 7.

22.₄₈. — *Cytherea (Sunetta) semisulcata* LAMARCK. Deshayes, Description des Coquilles fossiles des environs de Paris, Paris, 1837, atlas, t. I, pl. XX, fig. 4 et 5, gr. un peu réduite.

23.₄₈. — *Cardita (Venericardia) planicosta* [LAMARCK]. Deshayes, Description des Coquilles fossiles des environs de Paris, Paris, 1837, atlas, t. I, pl. XXIV, fig. 1 et 2, gr. nat.

24.₄₈. — *Crassatella plumbea* [CHEMNITZ]. Cossmann et Pissarro, Iconographie complète des coquilles fossiles de l'éocène des environs de Paris, t. I, pl. XXIX, fig. 96-1, 2/3 gr. nat.

25.₄₈. — *Crassatella ponderosa* [CHEMNITZ]. Bronn und Rœmer, Lethaea geognostica, 1850, pl. 37, fig. 11.

26.₄₈. — *Hipponyx cornucopiæ* [LAMARCK] Cossmann et Pissarro, Iconographie complète des coquilles fossiles de l'éocène des environs de Paris, t. II, pl. XII, fig. 74-1, gr. nat.

27.₄₈. — *Sycum (Fusus, Leiostoma) bulbiforme* [LAMARCK]. Individu de taille moyenne, type de l'espèce. Deshayes, Description des Coquilles fossiles des environs de Paris, Paris, 1837, atlas, t. II, pl. LXXVIII, fig. 7 et 8.

28.₄₈. — *Clavilithes Noæ* [CHEMNITZ]. Cossmann et Pissarro, Iconographie complète des coquilles fossiles de l'éocène des environs de Paris, t. II, pl. XL, fig. 198-7, gr. nat.

29.₄₈. — *Amphidromus (Agathina) Hopii* [MARCEL DE SERRES]. Echantillon type, Collection M. de Serres, Université de Lyon, reproduit d'après Palæontologia universalis, pl. 167, fig. H_1, H_2, H_3.

30.₄₈. — *Ampullina (Natica) parisiensis* [D'ORBIGNY] (= *Natica Studeri* QUENSTEDT) (= *Natica mutabilis* DESHAYES). Deshayes, Description des Coquilles fossiles des environs de Paris, Paris, 1837, atlas, t. II, pl. XXI. fig. 11 et 12, gr. nat.

31.₄₈. — *Rimella (Strombus) fissurella* [ROM. COQUEBERT et AL. BRONGNIART]. Spécimen provenant de Courtagnon (Coll. labo. géol. Fac. des Sc. de Paris) reproduit d'après Palæontologia universalis, pl. 157, fig. T_1 et T_2.

32.₄₈. — *Terebellum convolutum* LAMARCK (= *Bulla sopitum* SOLANDER in BRANDER). Deshayes, Description des Coquilles fossiles des environs de Paris, Paris, 1837, atlas, t. II, pl. XCV, fig. 32 et 33, gr. nat.

33.₄₈. — *Athleta (Volutilithes, Volutospina) spinosa* [LINNÉ]. Cossmann et Pissarro, Iconographie complète des coquilles fossiles de l'éocène des environs de Paris, t. II, pl. XLIV, fig 205-8, gr. nat.

34.₄₈. — *Campanile (Cerithium) giganteum* [LAMARCK]. Cossmann et Pissarro, Iconographie complète des coquilles fossiles de l'éocène des environs de Paris, t. II; pl. XXV, fig. 137-45, 1/2 gr. nat. J. Boussac, Essai sur l'évolution des cérithidés dans le mésonummulitique du bassin de Paris, in Ann. Hébert, t. VI, 1912, pl. X, fig. 24, gr. nat.

35.₄₈. — *Potamides cristatus* [Lamarck]. Deshayes, Description des Coquilles fossiles des environs de Paris, Paris, 1837, atlas, t. II, pl. XLIV, fig. 5 et 6, gr. nat.

36.₄₈. — *Potamides lapidum* [Lamarck]. J. Boussac, Essai sur l'évolution des cérithidés dans le mésonummulitique du bassin de Paris, in Ann. Hébert, t. VI, 1912, pl. VII, fig. 16 et 17, gr. nat.

37.₄₈. — *Cerithium tricarinatum* Lamarck. — *a)* Echantillon type de Houdan, gr. nat. — *b)* Variété β. échantillon de Houdan, gr. nat. (Coll. Defrance, Musée hist. nat. de Caen). Figures reproduites d'après Palæontologia universalis, pl. 3, fig. T₁, T₂. T₃ et T₄.

38.₄₈. — *Batillaria (Cerithium) echinoides* [Lamarck]. — *a)* Individu jeune, gr. nat. — *b)* Adulte, gr. nat. J Boussac, Essai sur l'évolution des cérithidés dans le mésonummulitique du bassin de Paris, in Ann. Hébert, t. VI, 1912, pl. XIII. fig. 24 et 25.

39.₄₈. — *Turritella imbricataria* Lamarck. Deshayes, Description des Coquilles fossiles des environs de Paris, Paris, 1837, atlas. t. II, pl. XXXV, fig. 1 et 2, gr. nat.

40.₄₈. — *Turritella terebellata* Lamarck. Deshayes, Description des Coquilles fossiles des environs de Paris, Paris, 1837, atlas t. II, pl. XXXV, fig. 3 et 4, gr. nat.

41.₄₈. — *Belosepia Oweni* Sowerby (= *Belosepia Cuvieri* [Blainville]). Cossmann et Pissaro, Iconographie complète des coquilles fossiles de l'éocène des environs de Paris, t. I, pl. LX, fig. 2-2, gr. nat.

42.₄₈. — *Odontaspis macrota* Agassiz (= *Lamna elegans* Agassiz). Agassiz, Recherches sur les Poissons fossiles, t. III, Neuchâtel, 1836, p. 289, pl. 35, fig. 5, 6 et 7, gr. nat.

43.₄₈. — *Dissostoma (Cyclostoma) mumia* [Lamarck]. Cossmann et Pissarro, Iconographie complète des coquilles fossiles de l'éocène des environs de Paris, t. II, pl. XIII, fig. 80-1, gr. nat.

44.₄₈. — *Planorbis pseudoammonius* [Schlotheim]. Cossmann et Pissarro, Iconographie complète des coquilles fossiles de l'éocène des environs de Paris, t. I, pl. LVII, fig. 254-2, gr. nat.

45.₄₈. — *Paludina (Vivipara) Hammeri* Defrance (= *Paludina viviparoides* Bronn). A. Andreæ, Ein Beitrag zur Kenntniss des Elsässer Tertiärs. Abh. 3 géol. Spezialkarte von Els.-Lothr. Band II, 1884, pl. I, fig. 13.

46.₄₈. — *Propalæotherium parvulum* [Laurillard]. — *a)* Série des molaires et prémolaires supérieures gauches ; gr. nat. — *b)* Série des molaires et prémolaires inférieures, de la même espèce et du même gisement. Ces séries sont formées à l'aide de dents trouvées isolément. Ch. Depéret, Revision des formes européennes de la famille des Hyracothéridés ; Bull. Soc. Géol. Fr., 4e série, I, 1901, p. 199, pl. IV. fig. 2 et 3.

47.₄₈. — *Pachynolophus Duvali* Pomel. Crâne provenant des grès éocènes du Minervois (Hérault). La pièce montre six molaires gauches (3M et 3P); il n'y a pas de P₁; deux molaires droites (M₃ et M₂); la canine est séparée de P₂ par une longue barre. Gr. nat. « La famille des Hyracothéridés (Prééquidés) est l'un des groupes les plus intéressants des Imparidigités éocènes, en raison de ses caractères très primitifs et de ses liaisons ancestrales avec la famille des Equidés ». Ch. Depéret, Revision des formes européennes de la famille des Hyracothéridés; Bull. Soc. Géol. Fr., 4ᵉ série, I, 1901, p. 199, pl. V, fig. 1.

48.₄₈. — *Lophiodon parisiense* P. Gervais. Dernière molaire supérieure, gr. nat. Henri Filhol, Etude sur les Vertébrés fossiles d'Issel (Aude); Mém. Soc. Géol. Fr., 3ᵉ série, t. V, 1888, pl. XVII, fig. 1.

49.₄₈. — *Lophiodon isselense* Blainville. — *a)* Maxillaire inférieur montrant le mode d'apparition des dents permanentes. 2/3 gr. nat. — *b)* Reconstitution de la voûte palatine faite au moyen de deux échantillons, l'un comprenant les incisives et la canine, l'autre les prémolaires et les molaires. 2/3 gr. nat. Henri Filhol, Etude sur les Vertébrés fossiles d'Issel (Aude). Mém. Soc. Géol. Fr., 3ᵉ série, t. V, 1888, pl. III, fig. 2 et pl. IV.

49 — AUVERSIEN

1.₄₉. — Couple *Nummulites variolarius* [Lamarck] — *Héberti* d'Archiac et
Haime. Forme A : mégasphérique ; forme B : microsphérique.
J. J Lister, On the Dimorphism of the English Species of Nummulites ; in Proc. Royal Society, 1905, pl. 4. Sowerby, The Mineral Conchology, vol. VI, London, 1829, pl. 538, fig. 3.

2.₄₉ — *Cardita sulcata* [Solander in Brander] (= *Venericardia cor avium*
Lamarck). Deshayes, Description des Coquilles fossiles des environs de Paris, Paris, 1837, atlas, t. I, pl. XXIV, fig. 6, 7 et 8,
gr. nat.

3.₄₉. — *Corbula angulata* Lamarck. — *a)* Les deux valves, vue extérieure ; gr.
nat. — *b)* Valve inférieure grossie. vue en dedans. — *c)* Char-
nières grossies. Deshayes. Description des Coquilles fossiles des
environs de Paris, Paris, 1837, atlas, t. I, pl. VIII, fig. 16, 19 et 20.

4.₄₉ — *Batillaria (Cerithium) pleurotomoides* [Lamarck]. Deshayes, Description des Coquilles fossiles des environs de Paris, Paris, 1837, atlas,
t. II, pl. XLVI, fig. 12, 13 et 14, gr. nat.

5.₄₉. — *Cerithium mutabile* Lamarck. Individu adulte, gr. nat. J. Boussac, Essai
sur l'évolution des cérithidés dans le mésonummulitique du bassin
de Paris ; Ann. Hébert, t. VI, 1912, pl. XI, fig. 4.

6.₄₉. — *Cerithium Bouei* Deshayes. J. Boussac, Essai sur l'évolution des cérithidés dans le mésonummulitique du bassin de Paris ; Ann. Hébert,
t. VI, 1912, pl. IX, fig. 12, gr. nat.

7.₄₉. — *Cerithium Cordieri* Deshayes. Deshayes, Description des Coquilles fossiles des environs de Paris, Paris, 1837, atlas, t. II, pl. LII, fig. 14
et 15, gr. nat.

8.₄₉ — *Clavilithes longævus* [Solander in Brander]. Cossmann et Pissarro,
Iconographie complète des coquilles fossiles de l'éocène des environs de Paris, t. I, pl. LXV, fig. 198-1, gr. nat.

9.₄₉. — *Melongena (Murex) minax* [Solander in Brander]. Grand individu,
type de l'espèce. Deshayes, Description des Coquilles fossiles des
environs de Paris, Paris, 1837, atlas, tome II, pl. LXXVII, fig. 1 et 2.

10.₄₉. — *Melongena (Fusus) subcarinata* [Lamarck]. Echantillon type ; Coll.
Brongniart, labo. géol. Fac. des Sc. de Paris. Reproduit d'après
Palæontologia universalis, pl. 162, fig. H₁, Hb, Hc.

11.₄₉. — *Tritonidea (Fusus) polygona* [Lamarck]. Echantillon type ; Coll. Brongniart, labo. géol. Fac. des Sc. de Paris. Reproduit d'après
Palæontologia universalis, pl. 170, fig. C⁴ à C⁴ᶜ. Gr. nat.

12.₄₉. — *Pecten corneus* Sowerby. Sowerby. The Mineral Conchology, vol. III, 1821, pl. 204.

13.₄₉. — *Voluta mutata* Deshayes. Deshayes, Description des Coquilles fossiles des environs de Paris, Paris, 1837, atlas. t. II, pl. XCII, fig. 1, gr. nat.

14.₄₉. — *Voluta labrella* Lamarck. Deshayes, Description des Coquilles fossiles des environs de Paris, Paris, 1837, atlas, t. II, pl. XCI, fig. 1, gr. nat.

15.₄₉. — *Volutilithes (Strombus) athletus* [Solander in Brander]. Deshayes, Description des Coquilles fossiles des environs de Paris, Paris, 1837, atlas. t. II, pl. XCIII, fig. 12 et 13, gr. nat.

16.₄₉. — *Turritella sulcifera* Deshayes. Deshayes, Description des Coquilles fossiles des environs de Paris, Paris, 1837, atlas, t. II, pl. XXXV, fig. 5 et 6, gr. nat.

17.₄₉. — *Bayania (Melania) lactea* [Lamarck]. Deshayes, Description des Coquilles fossiles des environs de Paris, Paris, 1837, atlas, t. II, pl. XIII, fig. 1 et 2, gr. nat.

18.₄₉. — *Ancillaria (Ancilla) buccinoides* Lamarck. Deshayes, Description des Coquilles fossiles des environs de Paris, Paris, 1837, atlas, t. II, pl. XCVII, fig. 13 et 14, gr. nat.

50 — BARTONIEN-LUDIEN

1.₅₀. — Couple *Nummulites contortus* DESHAYES — *striatus* [BRUGUIÈRE]. Forme A mégasphérique. Type grossi 5 fois montrant les caractères des filets (provenant de Faudon, Hautes-Alpes). Coupe méridienne et coupe équatoriale montrant les caractères de la spire et de la loge initiale, grossies 8 fois. Faudon. Forme B microsphérique. Coupe méridienne et coupe équatoriale, grossies 5 fois, montrant le pilier central et la spire. T_1 : Echantillon provenant de Faudon choisi aussi identique que possible au type et montrant l'allure des filets et des ondulations perpendiculaires aux filets. Grossi 5 fois. T_2 : Autre échantillon provenant de Faudon ; l'allure des filets est moins typique. mais les indentations transversales se voient remarquablement bien. Grossi 5 fois. Palæontologia universalis, 1907, pl. 115 et 116.

2.₅₀. — *Operculina ammonea* LEYMERIE. Un échantillon gr. nat. et un autre échantillon grossi 6 fois. Checchia-Rispoli (Giuseppe). La série nummulitica dei dintorni di Termini Imerese I, II. Vallone tre Pietre, vol. 27, 1908, Giornale di Sc. Natur. Econom. di Palermo. pl. 3, fig. 24, gr. 6 fois, et pl. 5, fig. 54. gr. nat.

3.₅₀. — Couple *Nummulites wemmelensis* DE LA HARPE et VAN DEN BROECK .(= *N. Prestwichi*) — *Orbignyi* GALEOTTI Forme A mégasphérique, grossie 24 fois, loge initiale grossie 200 fois. Forme B microsphérique, grossie 24 fois, loge initiale grossie 200 fois. J. J. Lister, On the Dimorphism of the english species of Nummulites, in Proc. Royal Society, 1905, p. 298, pl. 5.

4.₅₀. — *Serpula spirulæa* [LAMARCK]. Goldfuss, Petrefacta Germaniæ, Dusseldorf, 1826-1833, p. 241, pl. LXXI, fig. 8 a b, gr. nat.

5.₅₀. — *Cardium granulosum* LAMARCK. Deshayes, Description des Coquilles fossiles des environs de Paris, Paris, 1837, atlas, t. I, pl. XXX, fig. 5 et 6, gr. nat.

6.₅₀. — *Lucina inornata* DESHAYES. — *a)* Individu gr. nat. — *b)* et *c)* Une valve gauche grossie. Deshayes, Description des animaux sans vertèbres du bassin de Paris, 1860, atlas, t. I, pl. XLIII, fig. 33, 34 et 35.

7.₅₀. — *Pholadomya ludensis* DESHAYES. — *a)* Moule intérieur d'un grand individu entier sur lequel on distingue très nettement les impressions musculaires et du manteau. — *b)* Le même exemplaire montrant la région dorsale. — *c)* Petite variété à côtes plus nombreuses ayant des plis transverses, montrant la valve droite — *d)* La même, vue du côté des crochets. Deshayes, Description des animaux sans vertèbres du bassin de Paris, 1860, atlas, t. I, pl. IX, fig. 1 à 4, gr. nat.

8.₅₀. — *Cerithium diaboli* AL. BRONGNIART. Al. Brongniart, Mémoire sur les terrains de sédiments supérieurs calcaréo-trappéens du Vicentin et de quelques terrains d'Italie, de France, d'Allemagne qui peuvent se rapporter à la même époque ; Paris, 1823, pl. 6, fig. 19 a b.

9.₅₀. — *Planorbis goniobasis* Sandberger (= *Planorbis rotundatus* Brongniart).
— *a)* Coquille gr. nat. vue en dessus. — *b)* La même, vue en-
dessous. — *c)* Vue de profil. — *d)* Portion très grossie du dernier
tour. Deshayes, Description des animaux sans vertèbres du bassin
de Paris, 1866, atlas, t. II, pl. XLVII, fig. 1 à 5.

10.₅₀. — *Limnæa longiscata* Al. Brongniart. Cossmann et Pissarro, Iconographie complète des coquilles fossiles de l'éocène des environs de
Paris, t. I, pl. LVI, fig. 253-1, gr. nat.

11.₅₀. — *Palæotherium magnum* Cuvier. — *a)* Contour probable d'après Cuvier.
b) Restauration du squelette, 1/25 gr. nat., d'après les dessins
de Cuvier et d'après l'examen du squelette presque entier trouvé
par Fuchs en 1873, dans une plâtrière de Vitry-sur-Seine. —
c) Deux molaires (M_3 et M_2) supérieures, vues par la couronne, gr.
nat. — *d)* Deux molaires (M_3 et M_2) inférieures, vues par la couronne, gr. nat. — *e)* Les deux mêmes, vues de côté. F. J. Pictet,
Traité de paléontologie, 1853-1857, atlas, pl. XI, fig. 9, Albert
Gaudry, Les enchaînements du monde animal, Mammifères tertiaires, Paris, 1878, p. 45, fig. 33. Fréd. Roman, Monogr. de la
faune de mammif. de Mormoiron (Vaucluse), Mém. Soc. Géol.
Fr., paléontologie, n° 57, 1922, pl. II, fig. 2, et pl. IV, fig. 1 a.

12.₅₀. — *Palæotherium crassum* Cuvier Crâne avec sa mandibule, vu du côté
droit, montrant la série des 7 molaires supérieures et des 6 der-
nières molaires inférieures droites, plus la première prémolaire
et la canine inférieures gauches. 1/2 gr. nat. Ch. Depéret, Monogr.
de la faune de Mammif. foss. du Ludien inférieur d'Euzet-les-
Bains (Gard), in Ann. Univers. Lyon, nouvelle série. I, fasc. 40,
1917, pl. I.

13.₅₀. — *Anoplotherium commune* Cuvier. — *a)* Tête au quart gr. .nat. —
b) Contour probable d'après Cuvier. — *c)* Fragment de maxillaire
supérieur, gr. nat. vu par la couronne des dents : montrant M₃,
M_2, M_1 et P_4. — *d)* Le même fragment, vu de côté. F. J. Pictet,
Traité de paléontologie, 1853-1857, atlas, pl. XIV, fig. 6 et 11.
Fréd. Roman, Monog. de la faune de Mammif. de Mormoiron
(Vaucluse) ; Mém. Soc. Géol. Fr., paléontologie, n° 57, 1922,
pl. VIII, fig. 2 et 2 a.

14.₅₀. — *Xiphodon gracile* Cuvier. — *a)* Contour probable d'après Cuvier.
Arrière-molaire supérieure gauche, gr. nat. — E. e. denticules
externes — M. denticule médian du lobe antérieur — I. denticule
interne du même lobe — m. + i. denticules médian et interne
du lobe postérieur soudés ensemble. F. J. Pictet, Traité de paléontologie, 1853-1857, atlas, pl. XV, fig. 1. Albert Gaudry, Les
enchaînements du monde animal. Mammifères tertiaires. Paris,
1878, p. 99, fig. 125.

15.₅₀. — *Didelphys Cuvieri* Hermann von Meyer. Squelette décrit par Cuvier.
Grandeur un peu réduite. Il a été trouvé en deux morceaux ; on
a restauré les os qui étaient dans l'un des morceaux d'après ceux
qui étaient dans l'autre. m. s. — mâchoire supérieure. o. — omo-
plate. h. — humérus. r. — radius. cub. — cubitus. mc. — méta-
carpiens. l. — vertèbres lombaires. s. — vertèbres sacrées. m. —
os marsupiaux. il. — iliaque. is. — ischion. pu. — pubis. f. —
fémur. p. — péroné. t. — tibia. mt. — métatarse. c. — vertèbres caudales. Albert Gaudry, Les enchaînements du monde animal ; Mammifères tertiaires. Paris, 1878, p. 12, fig. 2.

51 — SANNOISIEN (ou **LATTORFIEN** ou **TONGRIEN**)

1.₅₁. — Couple *Nummulites intermedius* d'Archiac — *Fichteli* Michelotti.
Forme A mégasphérique, gr. nat. et coupe transverse grossie
2 fois. Forme B microsphérique ; grand individu, vu en dessus et
de profil gr. nat. — portion de spire et coupe transverse, grossies 4 fois : portion de coupe transverse prise au milieu, grossie
65 fois. D'Archiac et J. Haime, Description des animaux fossiles
du groupe nummulitique de l'Inde. Monographie des Nummulites,
Paris, 1853, pp. 99 et 100, pl. III, fig. 3, 4 et 5.

2.₅₁. — *Cytherea incrassata* [Sowerby]. Deshayes, Description des Coquilles
fossiles des environs de Paris, Paris, 1837, atlas, t. I, pl. XXII,
fig. 1, 2 et 3.

3.₅₁. — *Cyrena convexa* [Al. Brongniart] J. Boussac, Études paléontologiques
sur le Nummulitique alpin ; Mém. pour servir à l'explic. de la
Carte géol. détaillée de la France, 1911, pl. X, fig. 24.

4.₅₁. — *Cyrena semistriata* Deshayes. Deshayes, Description des Animaux sans
vertèbres du bassin de Paris, Paris, 1860, atlas, t. I, pl. XXXVI,
fig. 21 et 22.

5.₅₁. — *Ostrea ventilabrum* Goldfuss (variété b de *Ostrea bellovacina* Deshayes).
Goldfuss, Petrefacta Germaniæ, Dusseldorf, 1834-1840. t. II, p. 13,
pl. LXXVI, fig. 4 a b, gr. nat.

6.₅₁. — *Planorbis cornu* Al. Brongniart. — *a)* Trois aspect et longueur de gr.
nat. (figure type) Al. Brongniart, Sur des terrains qui paraissent
avoir été formés sous l'eau douce. Ann. du Mus. d'Hist. Nat.
1810, t. XV, p. 371, pl. I, fig. 6. — *b)* Trois aspects d'un autre
individu de la même espèce, d'après Deshayes, Description des
Animaux sans vertèbres du bassin de Paris, Paris, 1866, atlas,
t. II, pl. 46, fig. 17, 18 et 19.

7.₅₁. — *Planorbis solidus* Thomæ. Deshayes, Description des Animaux sans
vertèbres du bassin de Paris, Paris, 1866, atlas, t. II, pl. XLVII,
fig. 22, 23 et 24.

8.₅₁. — *Limnæa strigosa* Al. Brongniart. Deshayes, Description des Coquilles
fossiles des environs de Paris, Paris, 1837, atlas, t. II, pl. XI,
fig. 1 et 2, gr. nat.

9.₅₁. — *Entelodon magnus* Aymard. Arrière-molaire inférieure gauche. Gr. nat.
I. i. — denticules internes E. e. — denticules externes (type
extrême de molaire d'omnivore). Albert Gaudry, Les enchaînements du monde animal. Mammifères tertiaires. Paris, 1878,
p. 93, fig. 104.

52 — STAMPIEN ou RUPÉLIEN

1.₅₂. — *Pectunculus (Axinœa) obovatus* LAMARCK (= *Pectunculus crassus* PHI-LIPPI). Deshayes, Description des Animaux sans vertèbres du bassin de Paris, Paris, 1860, atlas, t. I, pl. LXXIII, fig. 1 et 2, gr. nat.

2.₅₂. — *Pectunculus (Axinœa) angusticostatus* LAMARCK. Deshayes, Description des Coquilles fossiles des environs de Paris, 1837, atlas, t. I, pl. XXXIV, fig. 20 et 21, gr. nat.

3.₅₂. — *Ostrea longirostris* LAMARCK (Type de LAMARCK). Deshayes, Description des Coquilles fossiles des environs de Paris, 1837, atlas, t. I, pl. LXI, fig. 8 et 9, gr. nat.

4.₅₂. — *Ostrea cyathula* LAMARCK. Deshayes, Description des Coquilles fossiles des environs de Paris, 1837, atlas, t. I, pl. LIV, fig. 1 et 2, gr. nat.

5.₅₂. — *Cytherea splendida* MÉRIAN. Deshayes, Description des animaux sans vertèbres du bassin de Paris, 1860, atlas, t. I, pl. XXIX, fig. 1, 2, 3 et 4, gr. nat.

6.₅₂. — *Leda Deshayesi* (ou *Deshayesiana*) DUCHASTEL. H. Nyst, Recherches sur les Coquilles fossiles de la province d'Anvers, Bruxelles, 1835, p. 16, pl. 3, fig. 63, gr. nat.

7.₅₂. — *Anomia girondica* MATHERON. Cossmann, Synopsis illustré des Mollusques de l'éocène et de l'oligocène en Aquitaine ; Mém. Soc. Géol. Fr., Paléontologie, n° 55, 1921, p. 216, pl. XV, fig. 21 et 22, gr. nat.

8.₅₂. — *Natica (Ampullaria) crassatina* [LAMARCK]. Deshayes, Description des Coquilles fossiles des environs de Paris, 1837, atlas, t. II, pl. XX, fig. 1 et 2, gr. nat.

9.₅₂. — *Cerithium trochleare* LAMARCK. Deshayes, Description des Coquilles fossiles des environs de Paris, 1837, atlas, t. II, pl. LV, fig. 10 et 11, gr. nat.

10.₅₂. — *Cerithium plicatum* BRUGUIÈRE. Deshayes, Description des Animaux sans vertèbres du bassin de Paris, 1866, atlas, t. II, pl. LXXX, fig. 18 et 19, gr. nat.

11.₅₂. — *Cominella (Buccinum) Gossardi* [NYST] (= *Fusus canaliculatus* MORRIS). Deshayes, Description des animaux sans vertèbres du bassin de Paris, 1866, atlas, t. II, pl. XCIV, fig. 7, gr. 3/2 (type de l'espèce).

12.₅₂. — *Turbo (Ninella) Parkinsoni* BASTEROT. De Lapparent et Fritel ; Fossiles caractéristiques des terrains sédimentaires ; vol. III, Paris, 1886, pl. VIII, fig. 13 et 14.

13.₅₂. — *Deshayesia parisiensis* RAULIN, Deshayes, Description des animaux sans
vertèbres du bassin de Paris, 1866, atlas, t. II, pl. LXIX, fig. 14
et 15, gr. nat. Individu type du genre.

14.₅₂. — *Hydrobia (Bithinia) Dubuissoni* [BOUILLET]. — *a)* Individu gr. nat. —
b) Le même, grossi 5 fois. Deshayes, Description des animaux
sans vertèbres du bassin de Paris, 1866, atlas, t. II, pl. XXXIII,
fig. 25 et 27.

15.₅₂. — *Nystia (Bithinia) Duchasteli* [NYST]. — *a)* Individu gr. nat. — *b), c),
d)* Le même, grossi 5 fois. Deshayes, Description des animaux
sans vertèbres du bassin de Paris, 1866, atlas, t. II, pl. XXXIII,
fig. 5 à 8.

16.₅₂. — *Limnœa Brongniarti* DESHAYES. Deshayes, Description des animaux
sans vertèbres du bassin de Paris, 1866, atlas, t. II, pl. XLII, fig. 29
et 30.

17.₅₂. — *Limnœa cylindrica* BRARD. Figure un peu grossie. Deshayes, Description des Coquilles fossiles des environs de Paris, 1837, atlas, t. II,
pl. X, fig. 18 et 19.

18.₅₂. — *Didelphys Aymardi* FILHOL. Mandibule gauche vue sur la face externe,
grossie 2 fois, pour montrer la ressemblance des dents avec celles
d'une sarigue actuelle. Albert Gaudry, Les enchaînements du
monde animal ; Mammifères tertiaires, Paris, 1878, p. 11, fig. 1.

53 — CHATTIEN ou CASSELIEN

1.₅₃. — *Cardita (Venericardia) Bazini* [DESHAYES]. Deshayes, Description des animaux sans vertèbres du bassin de Paris, 1860, atlas, t. I, pl. LX, fig. 1, 2 et 3, gr. nat.

2.₅₃. — *Potamides Lamarcki* [AL. BRONGNIART]. Deshayes, Description des animaux sans vertèbres du bassin de Paris, 1860, atlas, t. II, pl. LXXX, fig. 25 et 26 ; coquille entière grossie 1 fois 1/2 et fragment grossi 3 fois.

3.₅₃. — *Cyclostoma antiquum* AL. BRONGNIART. — *a)* Coquille gr. nat. — *b)* et *c)* Coquille grossie 3 fois. — *d)* Opercule grossi, face externe. Deshayes, Description des animaux sans vertèbres du bassin de Paris, 1866, atlas, t. II, pl. LVIII, fig. 1 à 4.

4.₅₃. — *Limnœa pachygaster* THOMÆ (= *Limnœus vulgaris* PFEIFFER). — *a)* Grandeur naturelle. — *b)* Individu grossi 2 fois 1/3. — *c)* Schéma grossi montrant la bouche. Aug. Em. Reuss, Geognostische Skizze der tertiären süsswasserschichten des nördlichen Böhmens ; Palæontographica, band II, lief. I, Cassel, 1849, p. 37, pl. 4, fig. 6. Bourguignat, Hist. malac. colline Sansan, 1881, bibli. École hautes études, XXII, nº 3, p. 112, fig. 192.

5.₅₃. — *Anthracotherium Cuvieri* POMEL. Museau vu de profil, 1/2 gr. nat. im. — inter-maxillaire. m. — maxillaire. 1i. — pinces. 2i. — mitoyennes. 3i. — coins. c. — canines. 1p et 2p. — prémolaires. Albert Gaudry, Les enchaînements du monde animal ; Mammifères tertiaires. Paris, 1878, p. 42, fig. 32.

6.₅₃. — *Hyænodon leptorhynchus* DE LAIZER et DE PARIEU. — *a)* Côté gauche de la mâchoire supérieure, gr. nat. — *b)* Mandibule gauche, gr. nat. Animal intermédiaire entre les marsupiaux et les placentaires. im. — inter-maxillaire. m. — maxillaire. p. — palatin. ti. — trou incisif. i. — trou palatin. i. — incisives. c. — canines. 1p, 2p, 3p, 4p. — prémolaires coupantes. 1a, 2a, 3a. — arrière-molaires en forme de carnassières (à la mâchoire supérieure, il n'y a pas de troisième arrière-molaire). Albert Gaudry, Les enchaînements du monde animal, Mammifères tertiaires, Paris, 1878, p. 14, fig. 3 et 4.

7.₅₃ *Helix Ramondi* AL. BRONGNIART. — *a)* Reproduction des figures originales de Brongniart. — *b)* Quatre aspects de l'espèce, gr. nat. — F. Dollfus, Essai sur l'étage Aquitanien : Bull. des services de la Carte géol. de la France, tome XIX, 1908-1909, nº 124, pl. 1, fig. 1 et 2 et pl. 2, fig. 10, 11, 14 et 15.

LAVAL. — IMPRIMERIE BARNÉOUD.

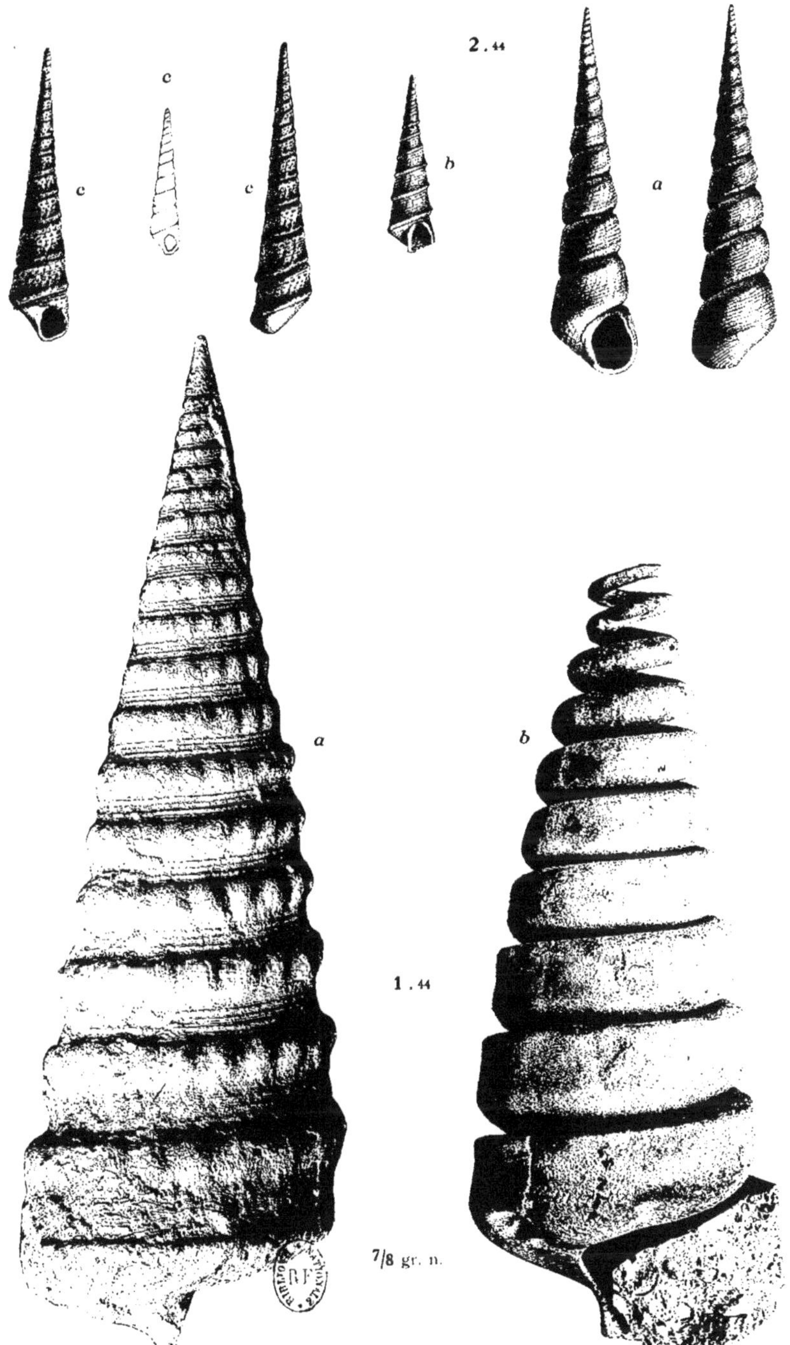
2 . 44
a
c
c
c
b
a
b
1 . 44
7/8 gr. n.

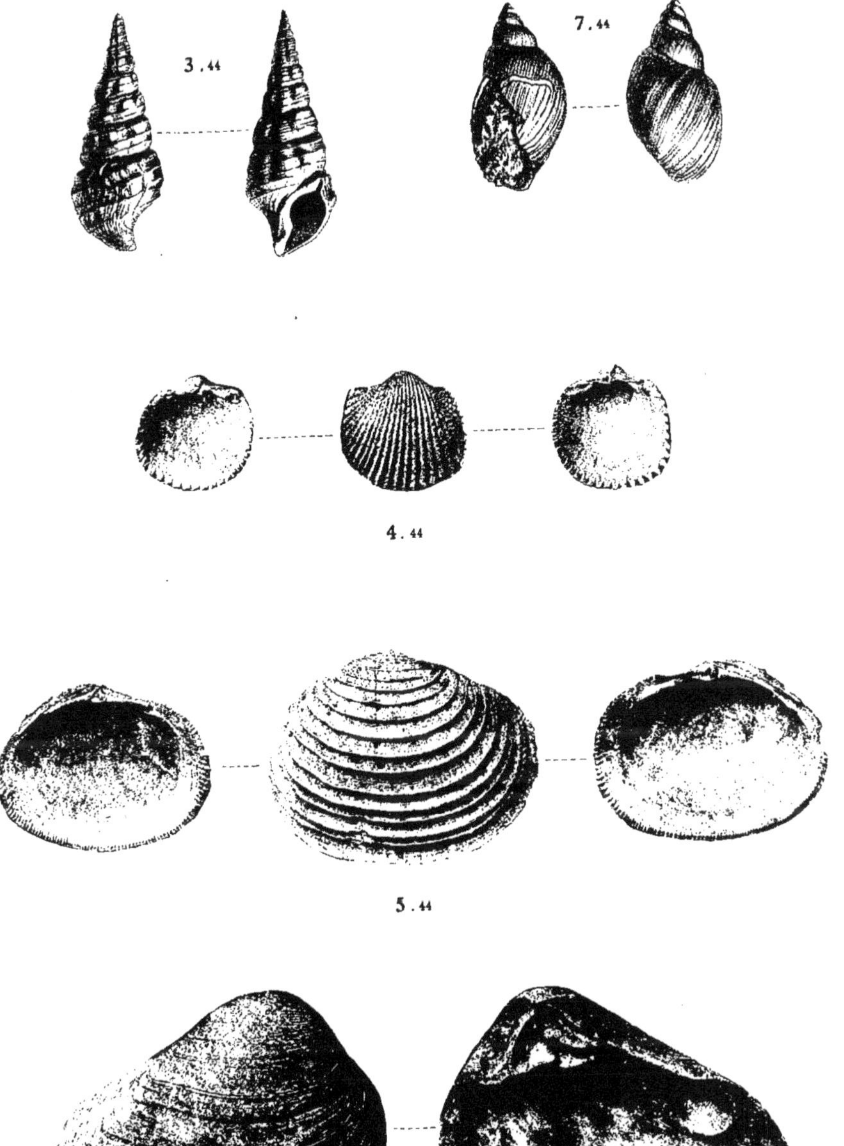

Imp. Tortellier et Cie, Arcueil (Seine)

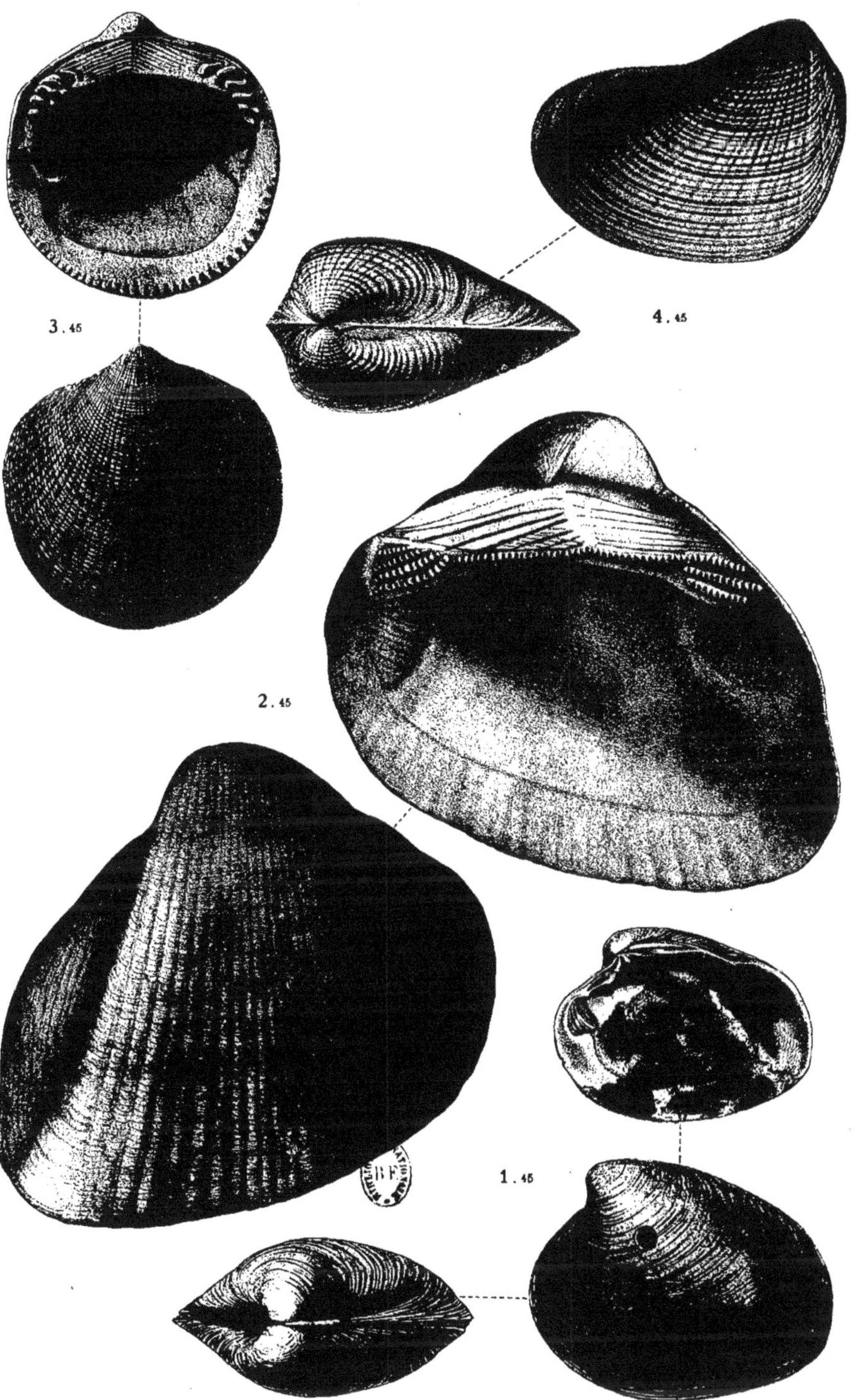

Imp. Tortellier et Cie. Arcueil (Seine)

5.45

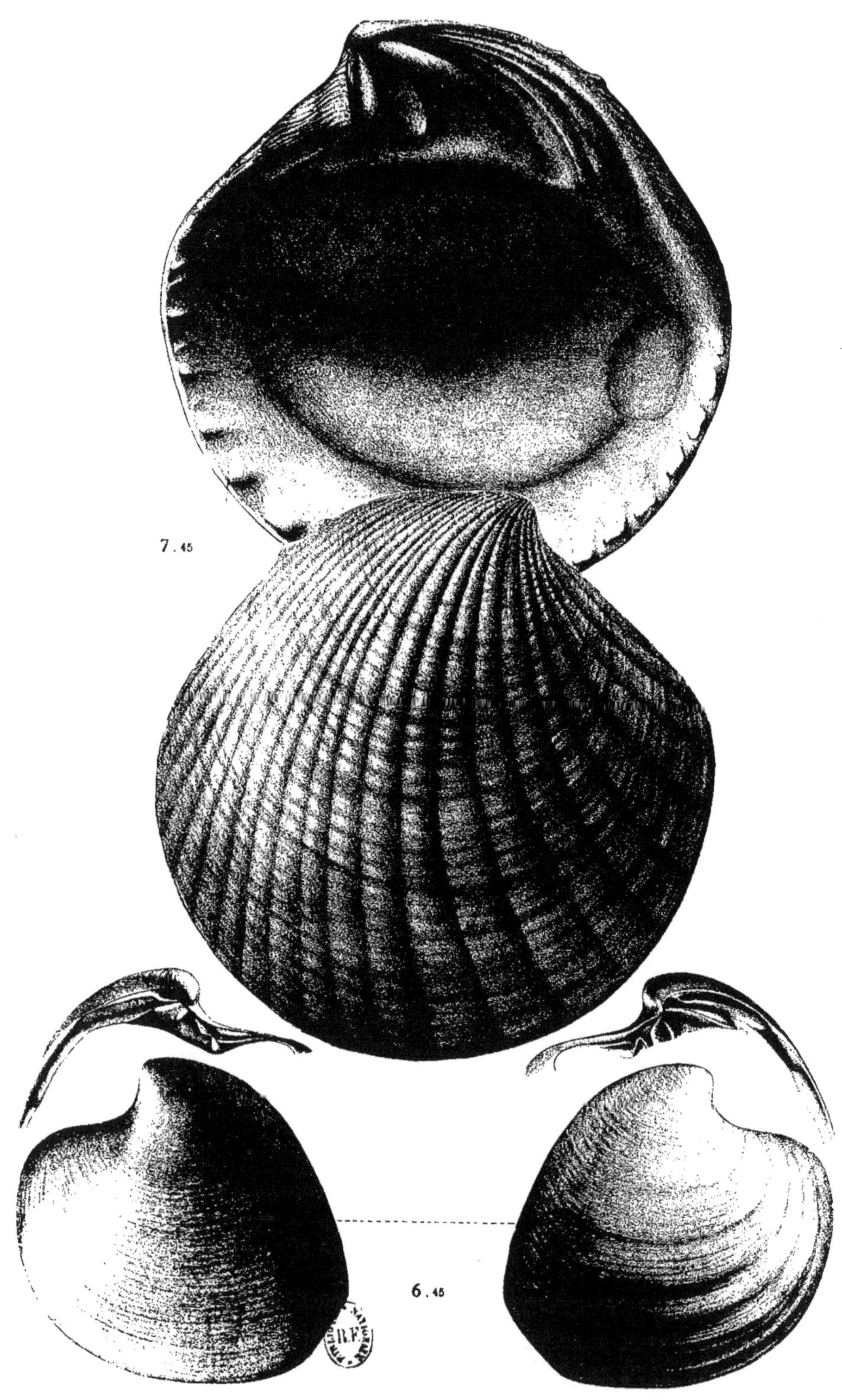

Imp. Tortellier et Cie, Arcueil (Seine)

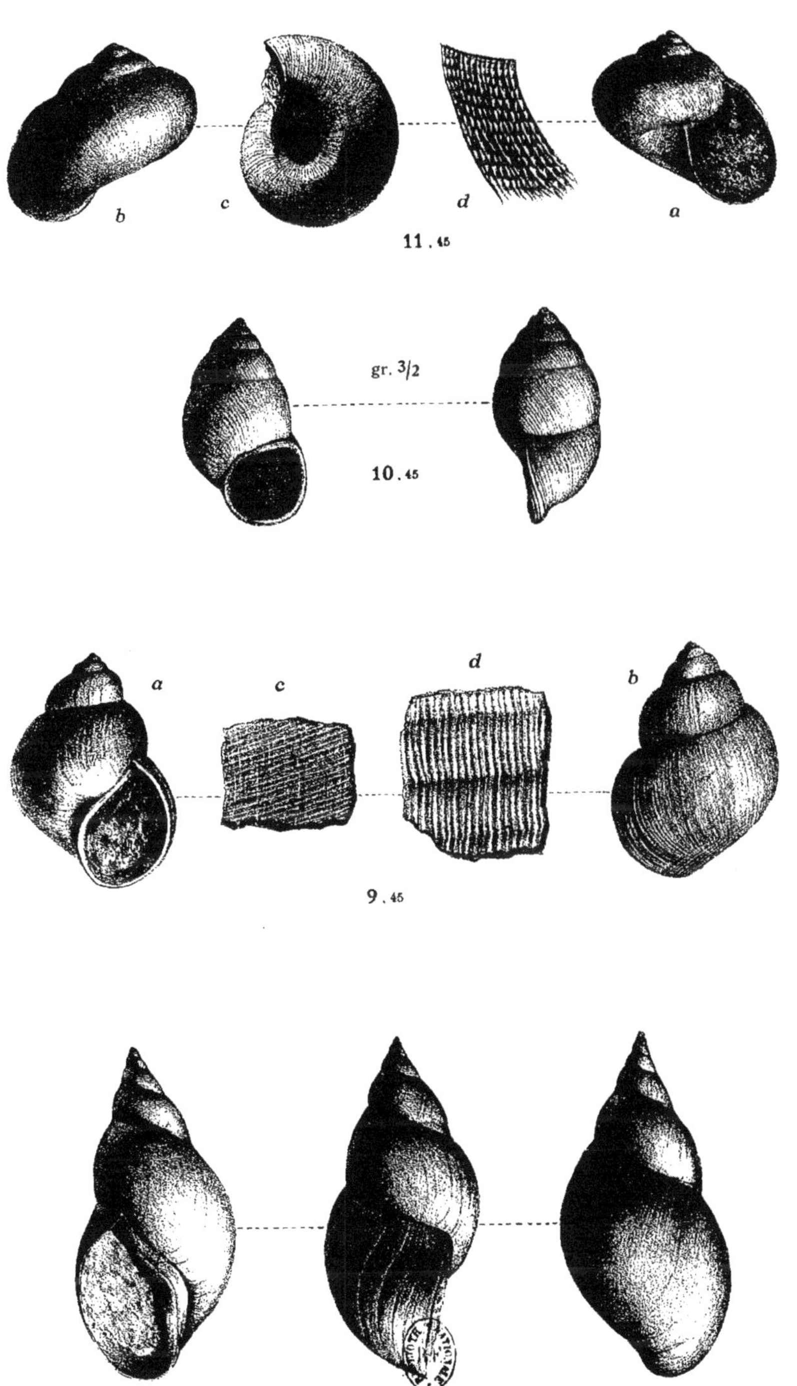

Imp. Tortelier et Cie. Arcueil (Seine)

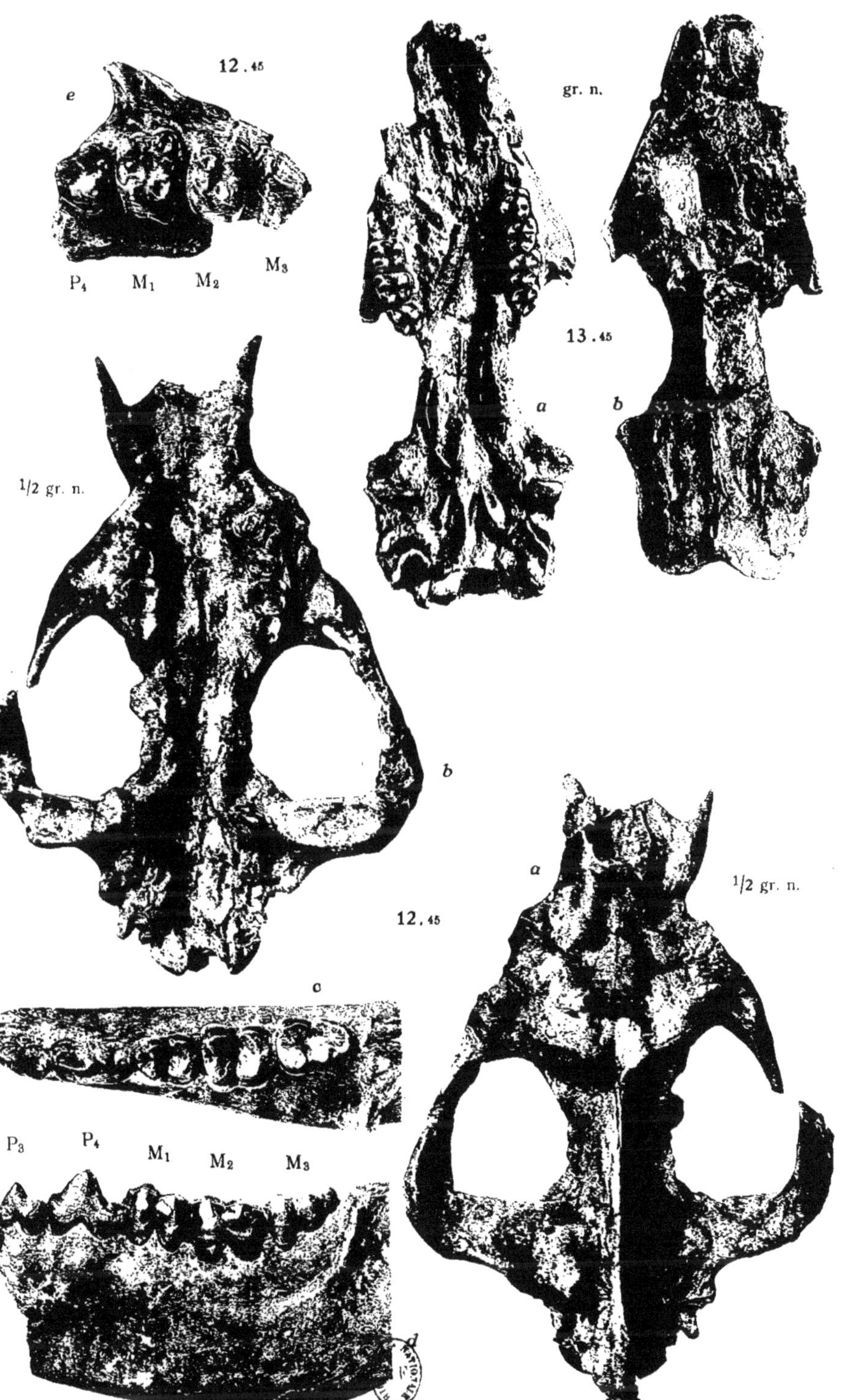
12.45
e
P4   M1   M2   M3
gr. n.
13.45
a   b
1/2 gr. n.
b
12.45
c
P3   P4   M1   M2   M3
a
1/2 gr. n.

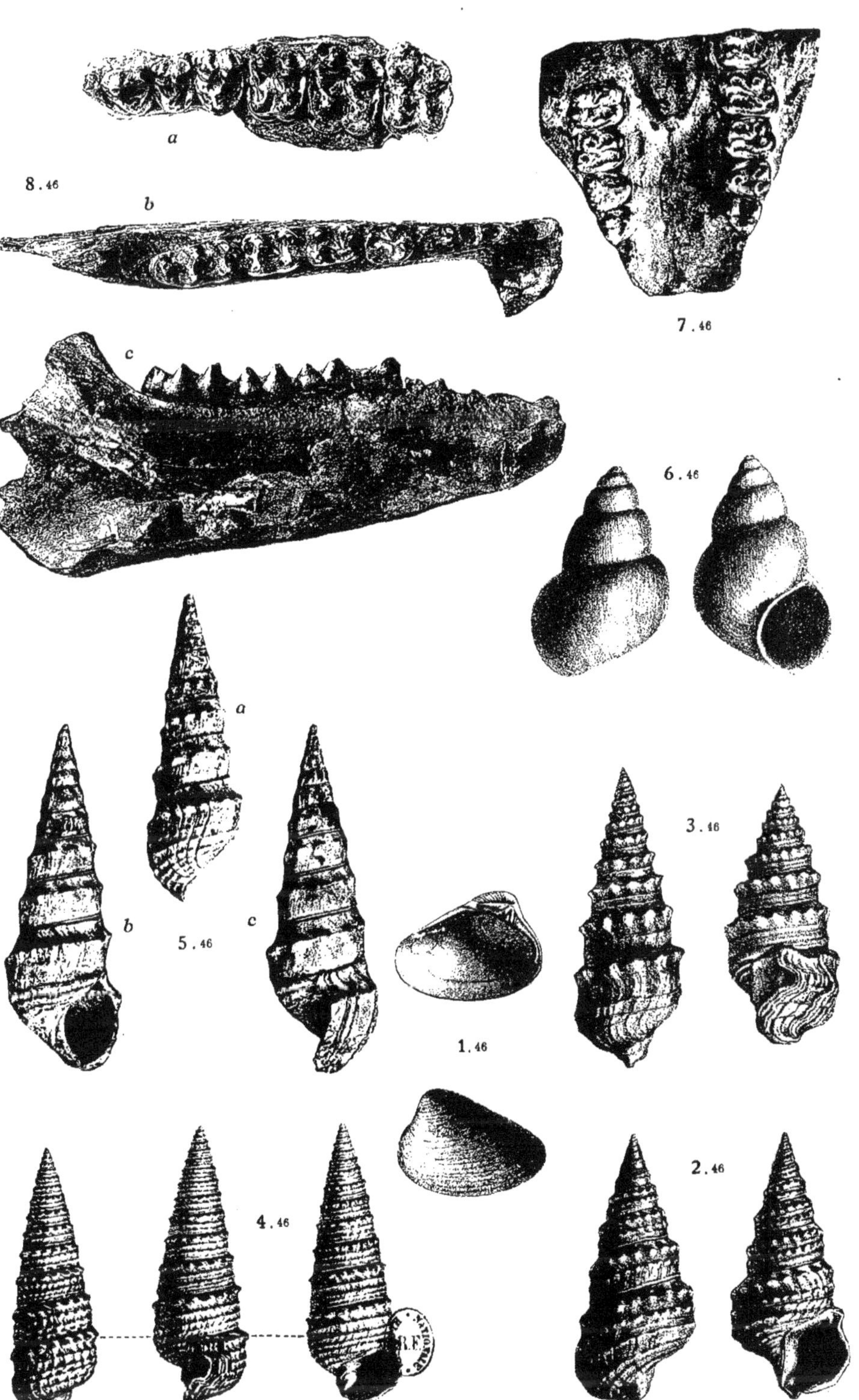

8.46

7.46

6.46

5.46

1.46

3.46

2.46

4.46

Imp. Tortelier et Cie. Arcueil (Seine)

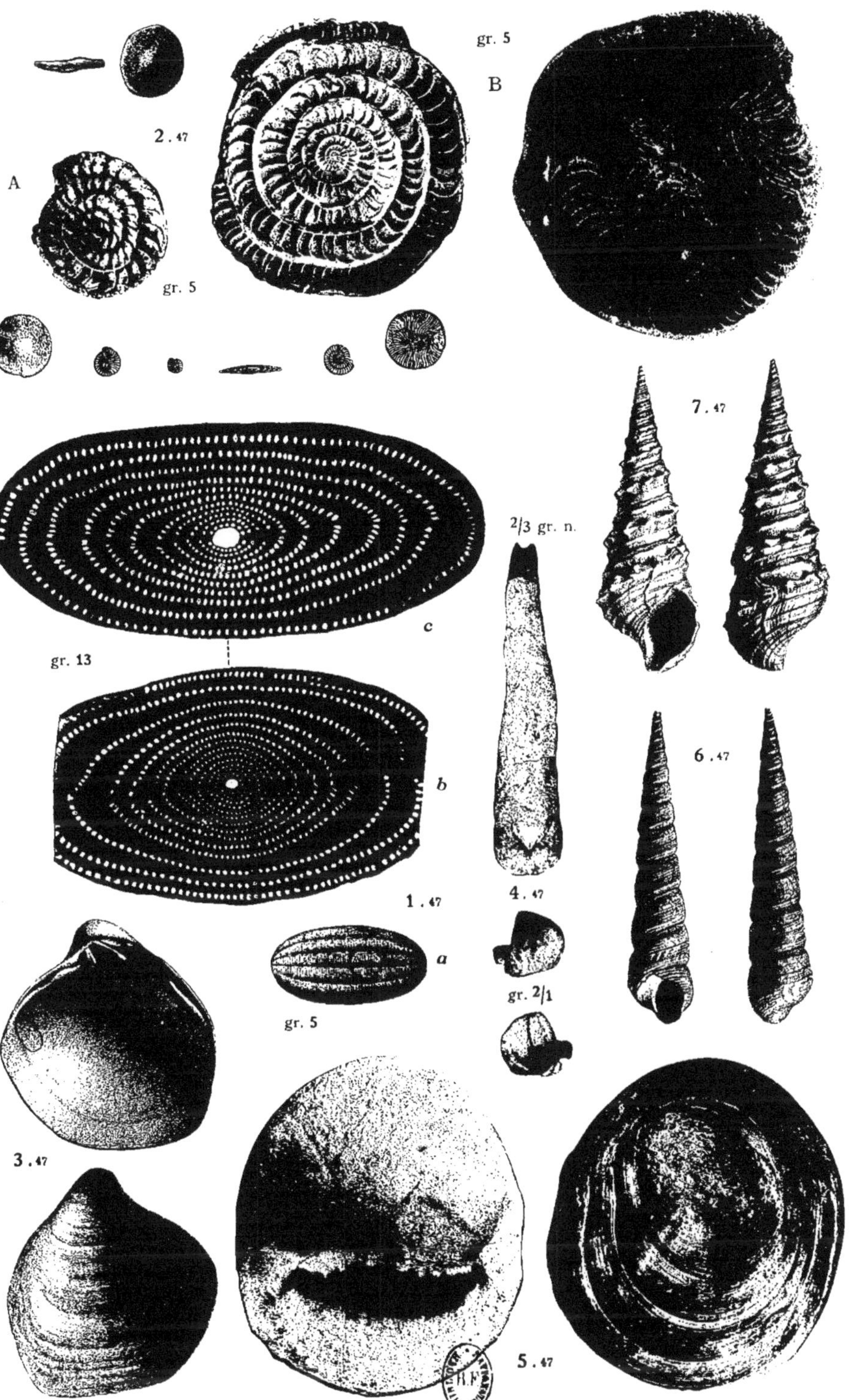

Imp. Tortellier et Cie, Arcueil (Seine)

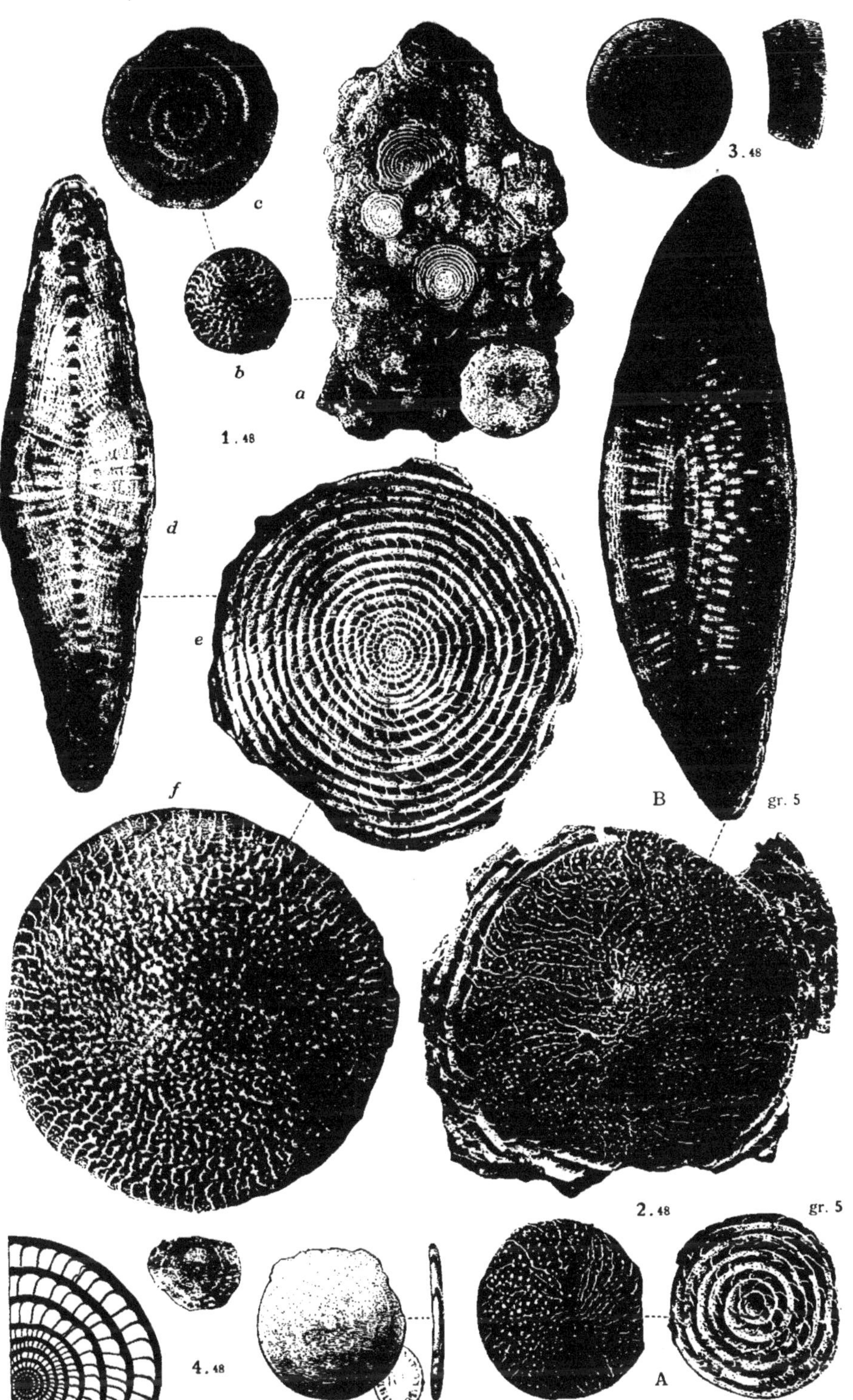

c
b
a
1.48
d
e
f
A
B
gr. 5
3.48
2.48
gr. 5
4.48

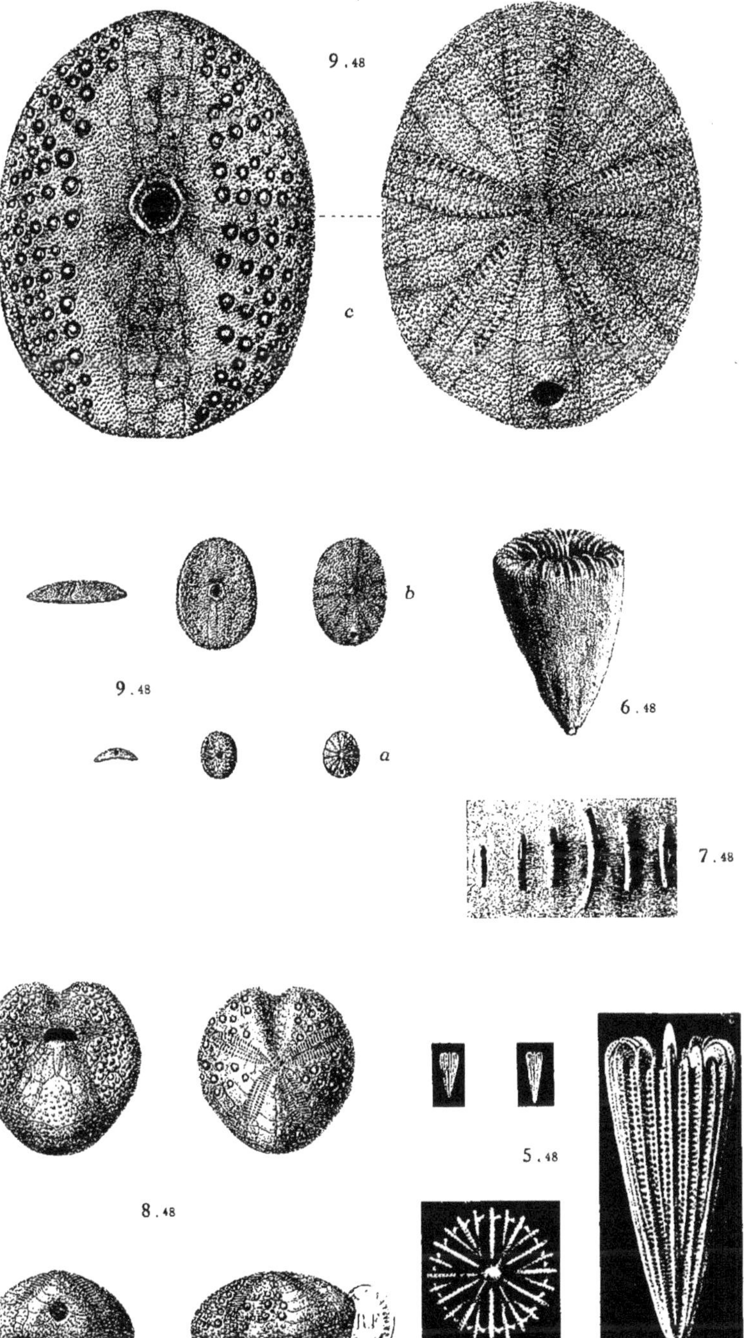

9.48
c
9.48
b
a
6.48
7.48
8.48
5.48

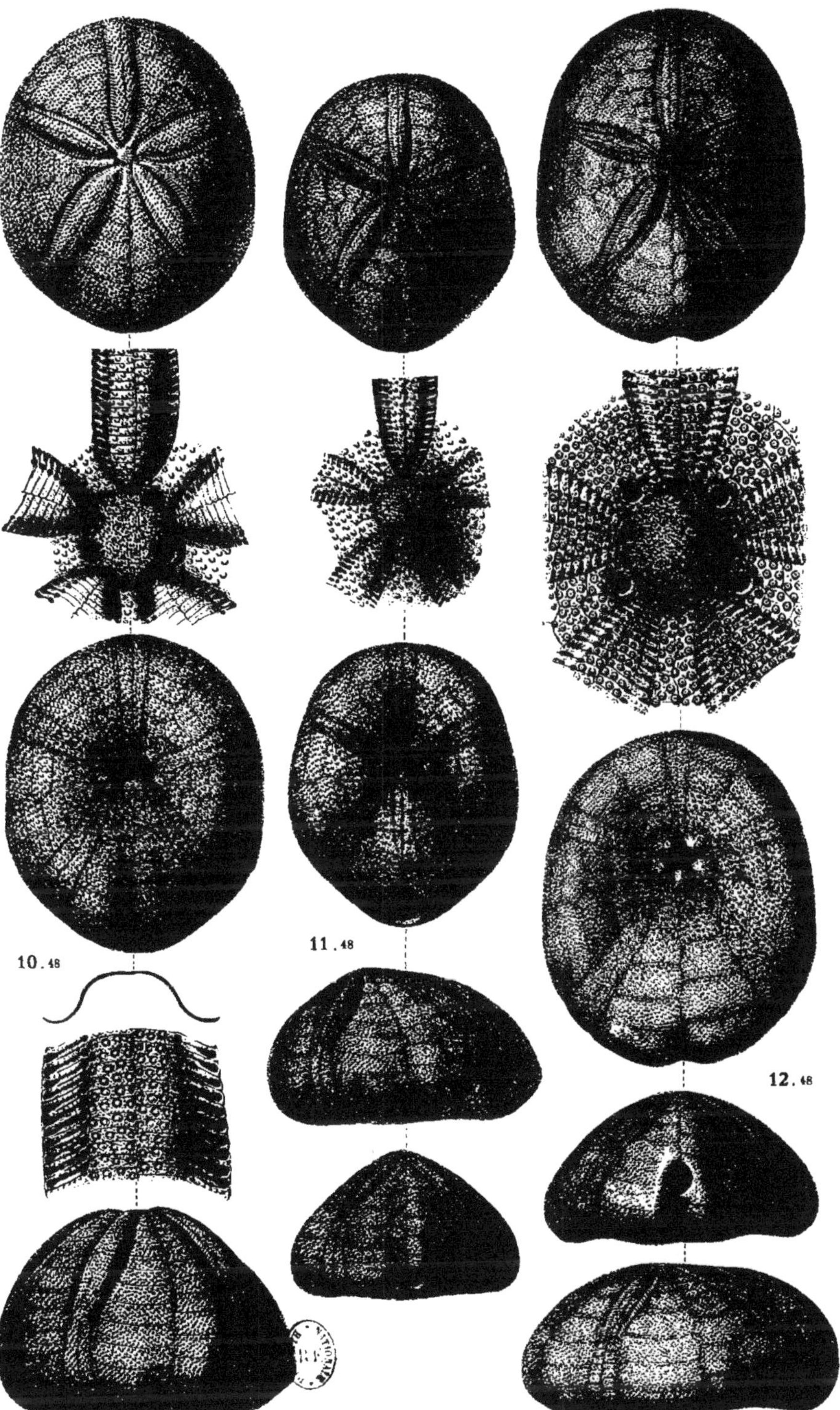

10.48

11.48

12.48

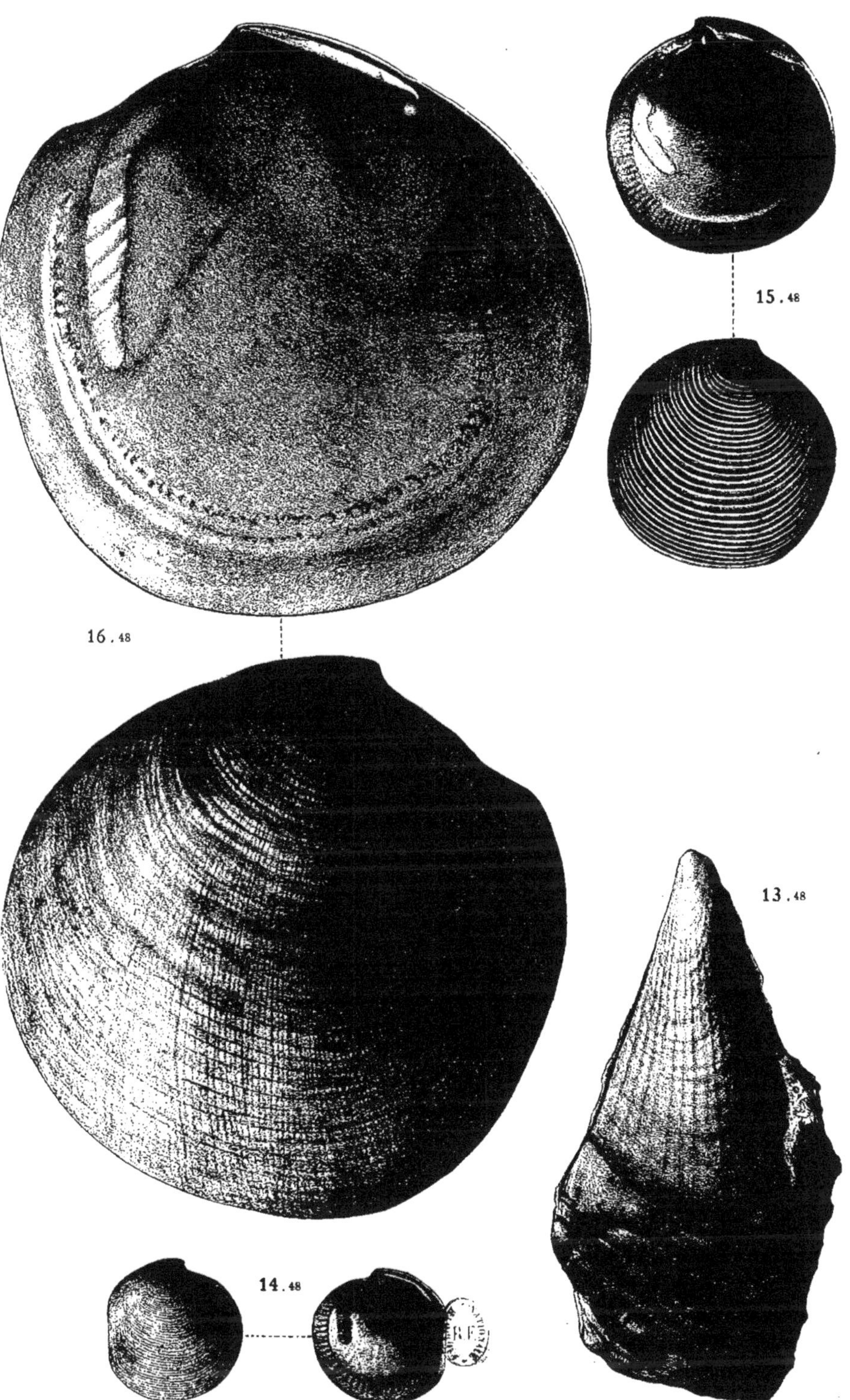

Imp. Tortellier et Cie, Arcueil (Seine)

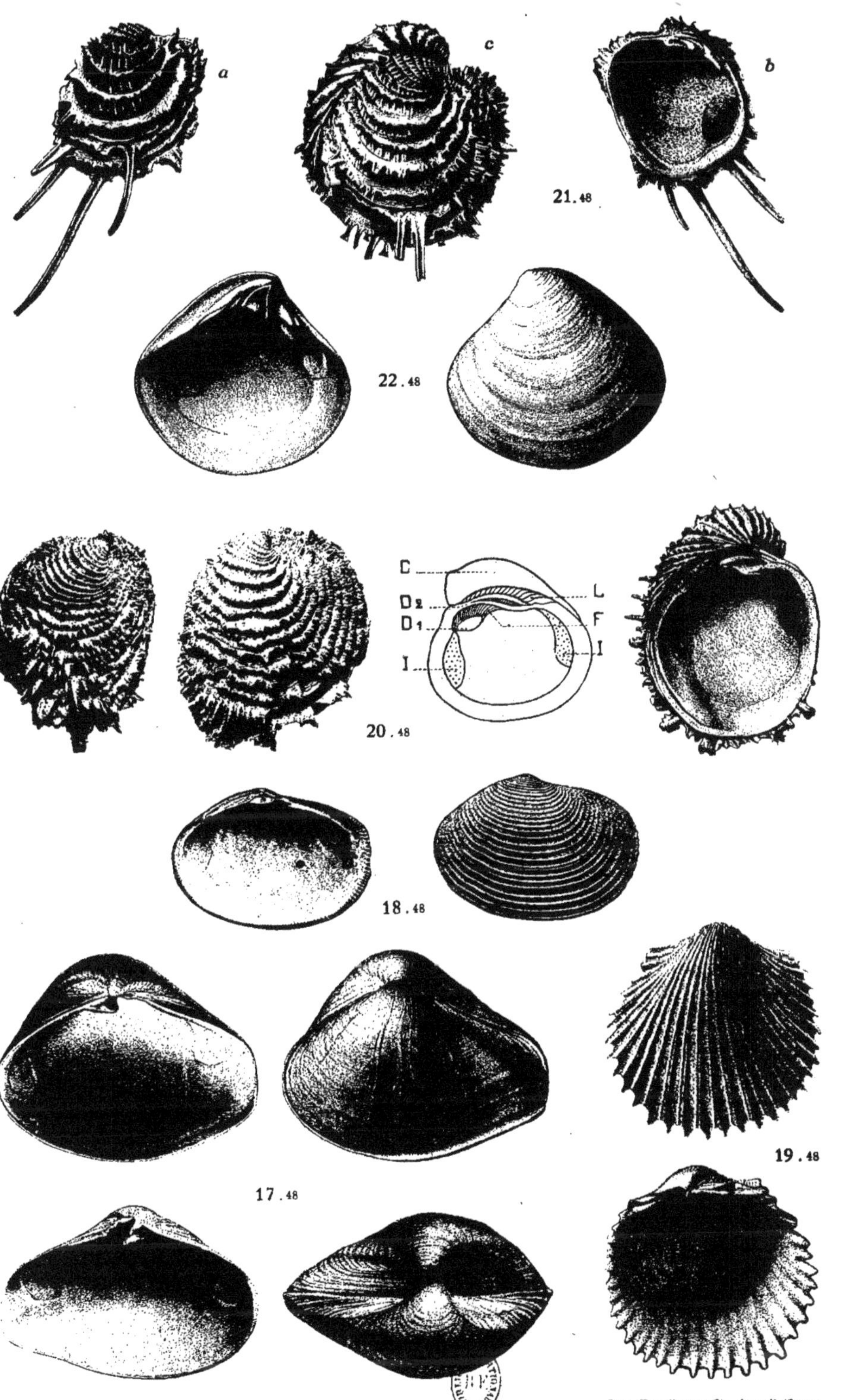

Imp. Tortellier et Cie. Arcueil (Seine)

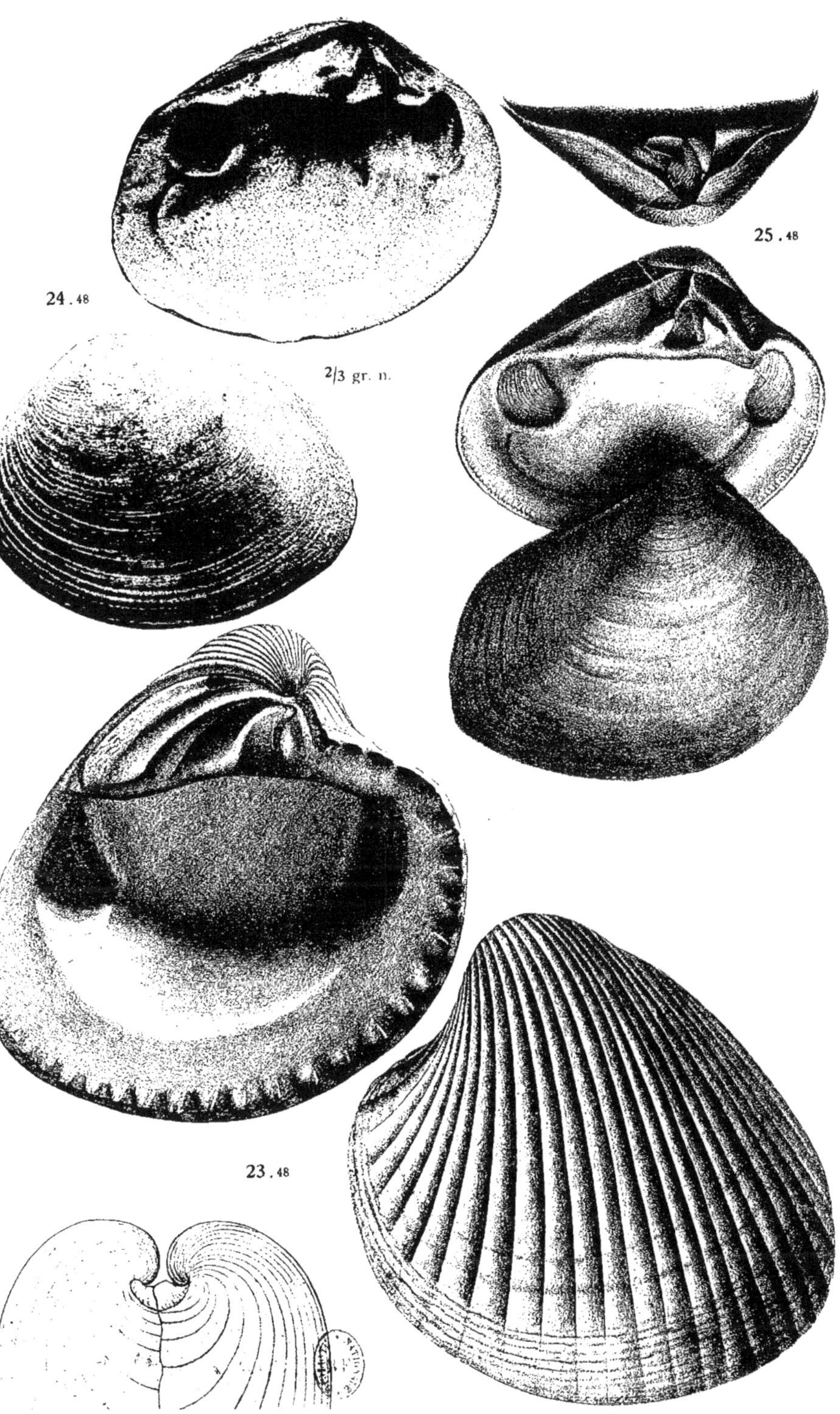

24.48

2/3 gr. n.

25.48

23.48

Imp. Tortellier et Cie, Arcueil (Seine)

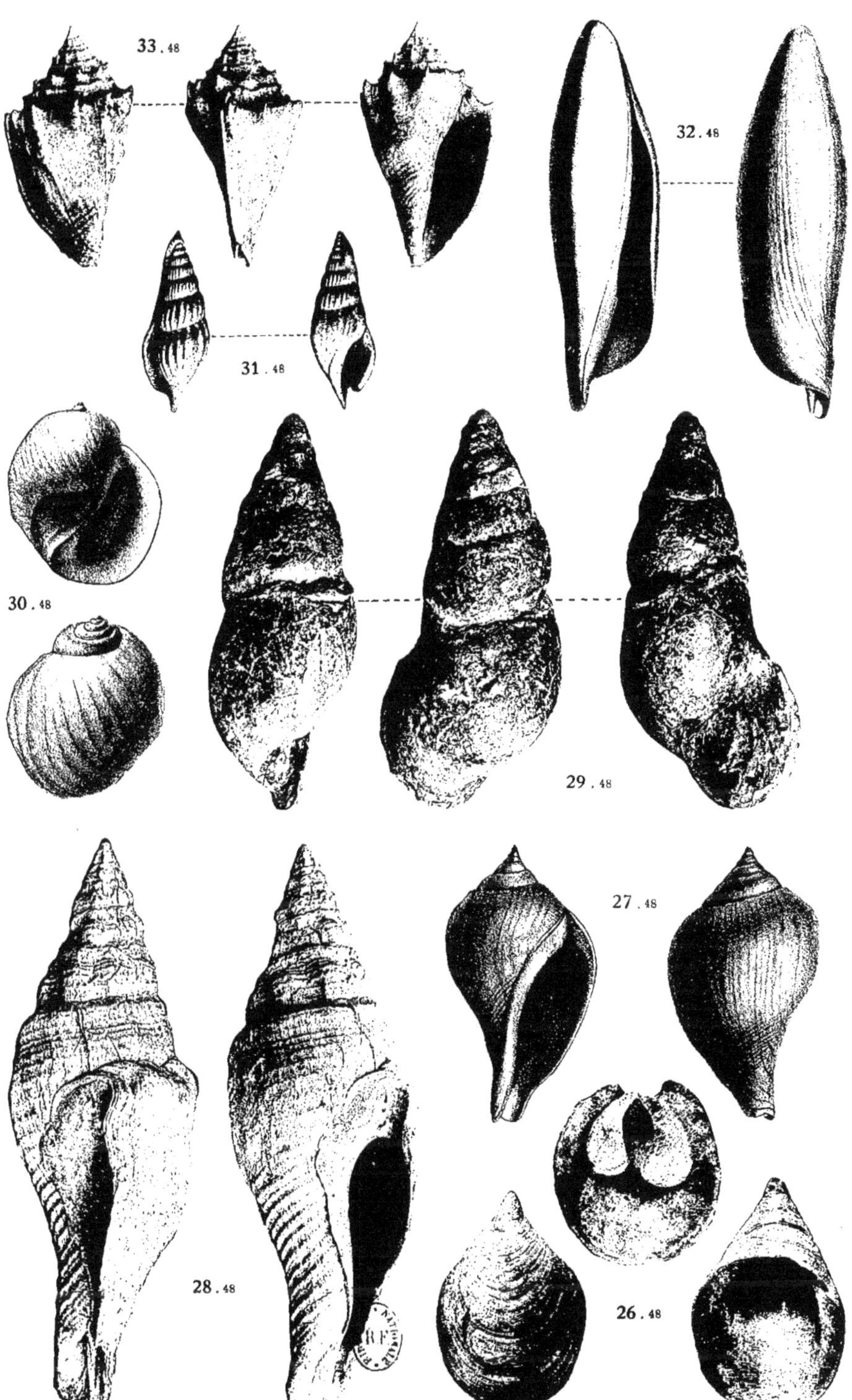

Imp. Tortellier et Cie. Arcueil (Seine)

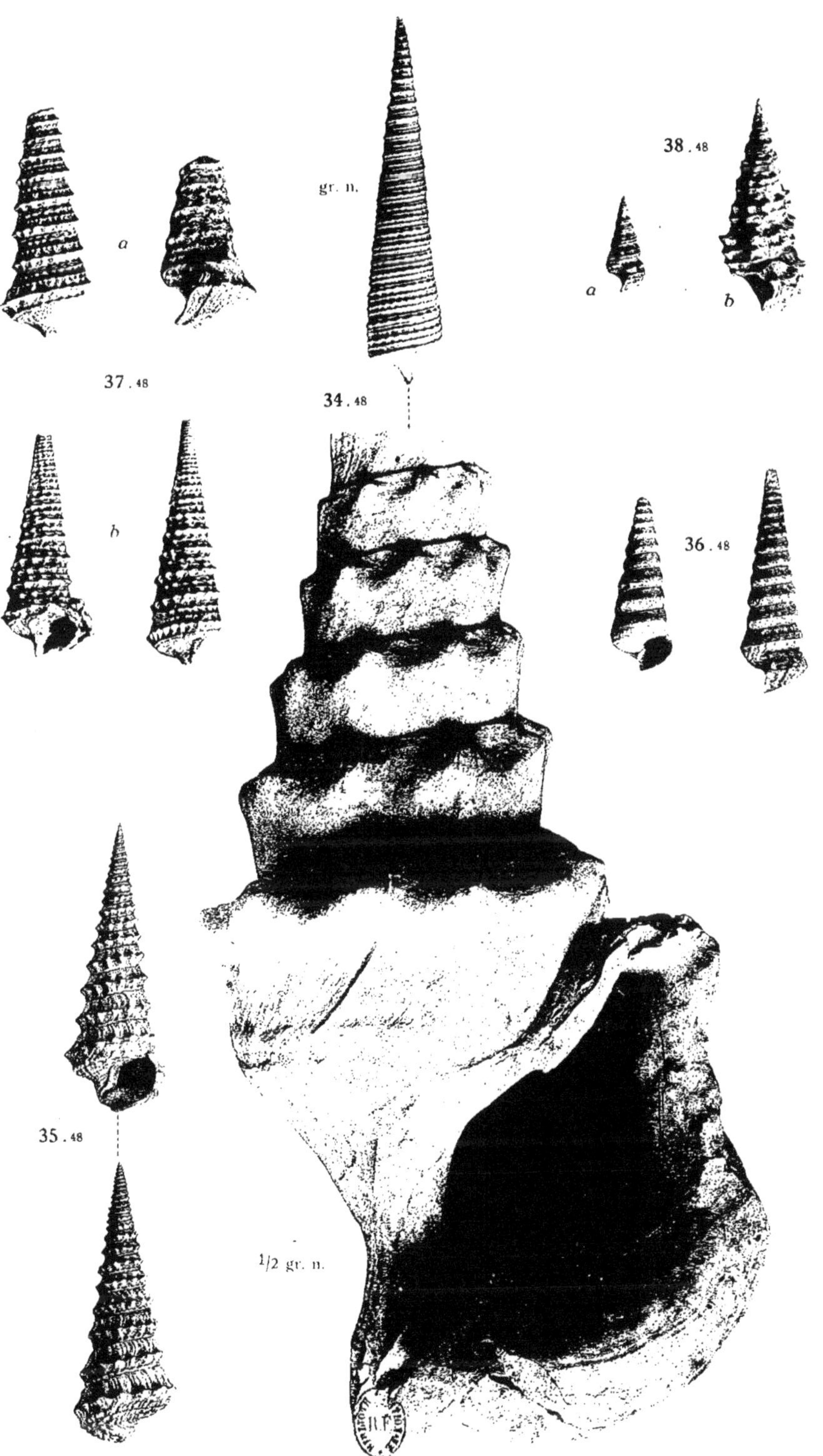

Imp. Tortellier et Cie. Arcueil (Seine)

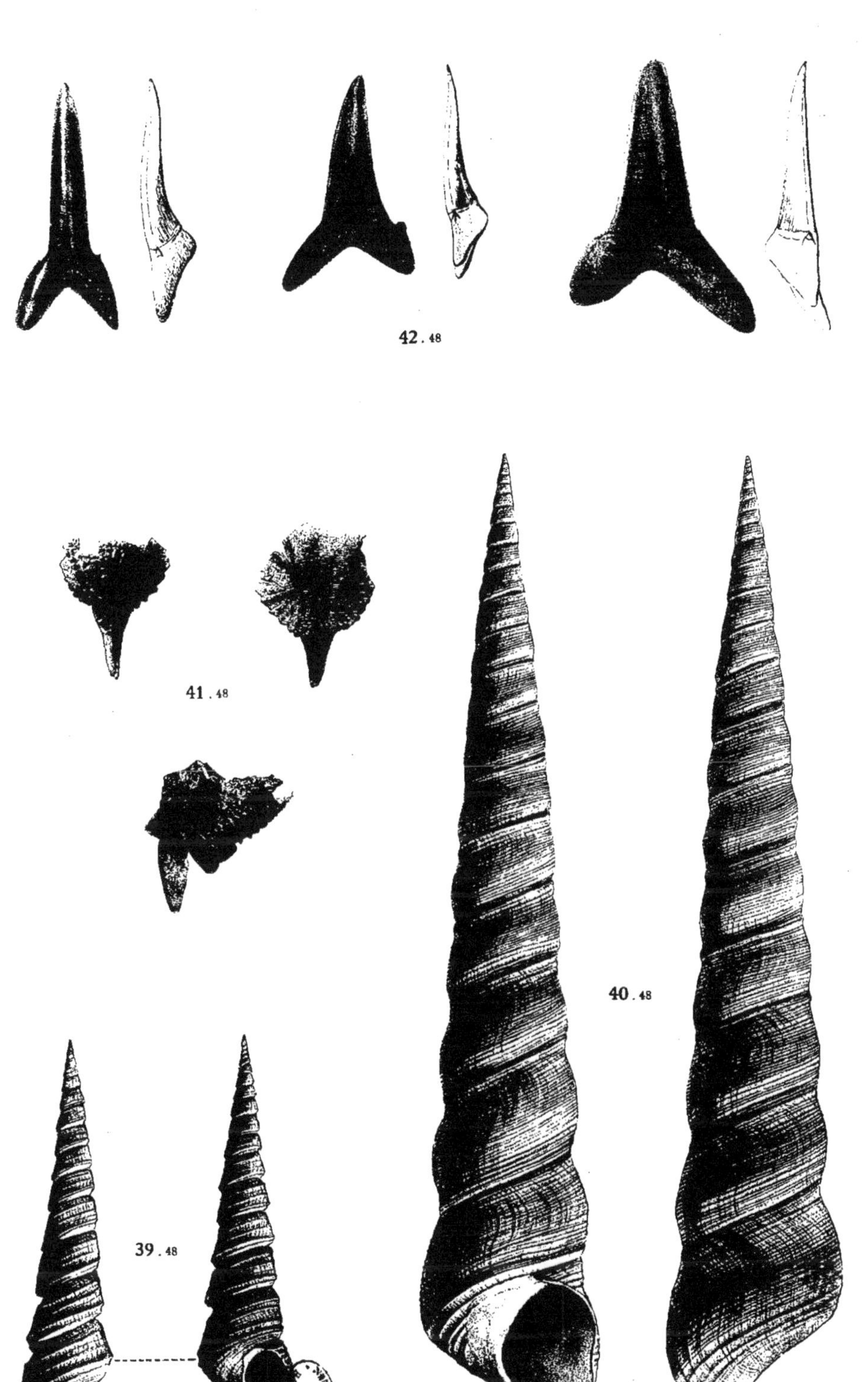

Imp. Tortellier et Cie, Arcueil (Seine)

47.48

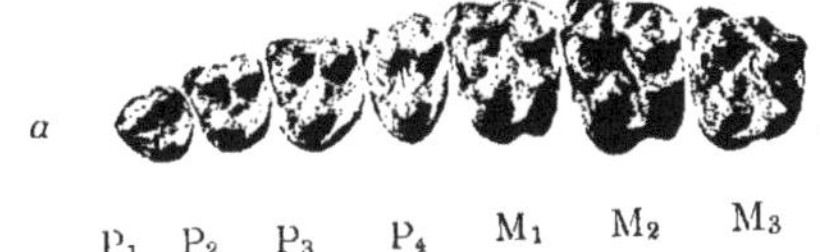

a

46.48   P₁   P₂   P₃   P₄   M₁   M₂   M₃

b

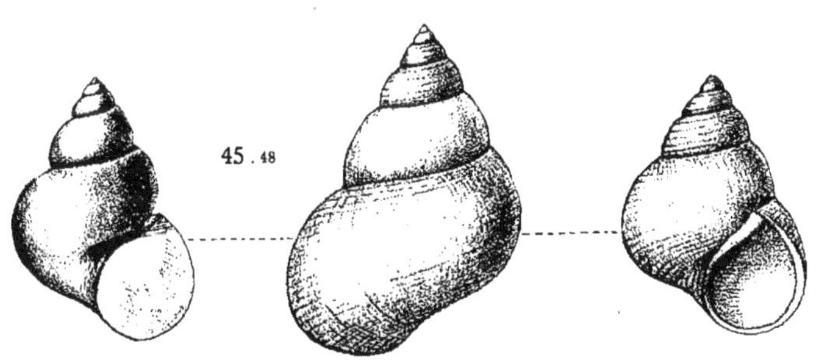

45.48

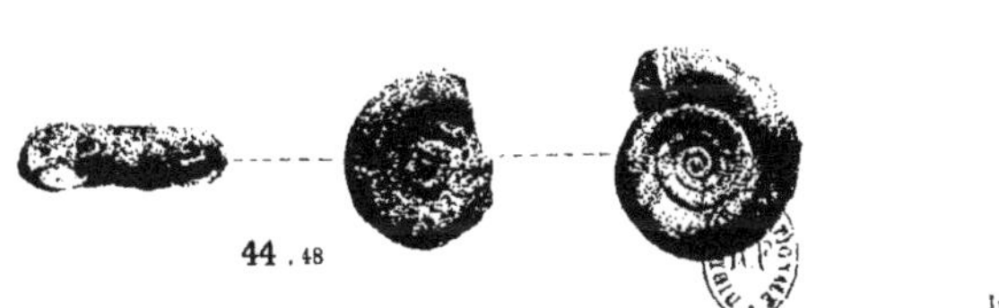

44.48

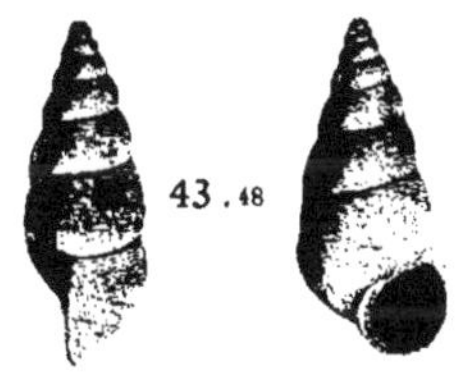

43.48

Imp. Tortellier et Cie, Arcueil (Seine)

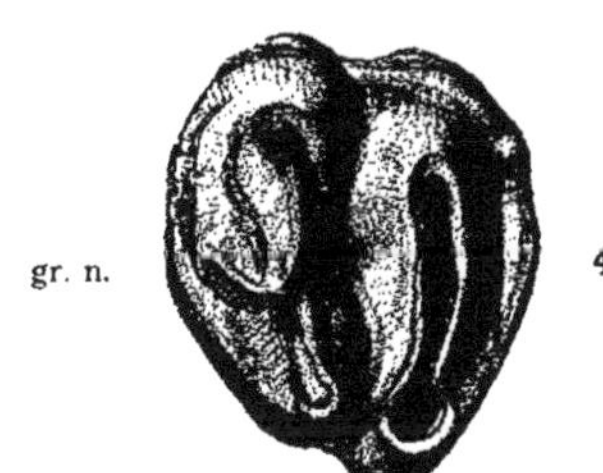

gr. n.   **48** . 48

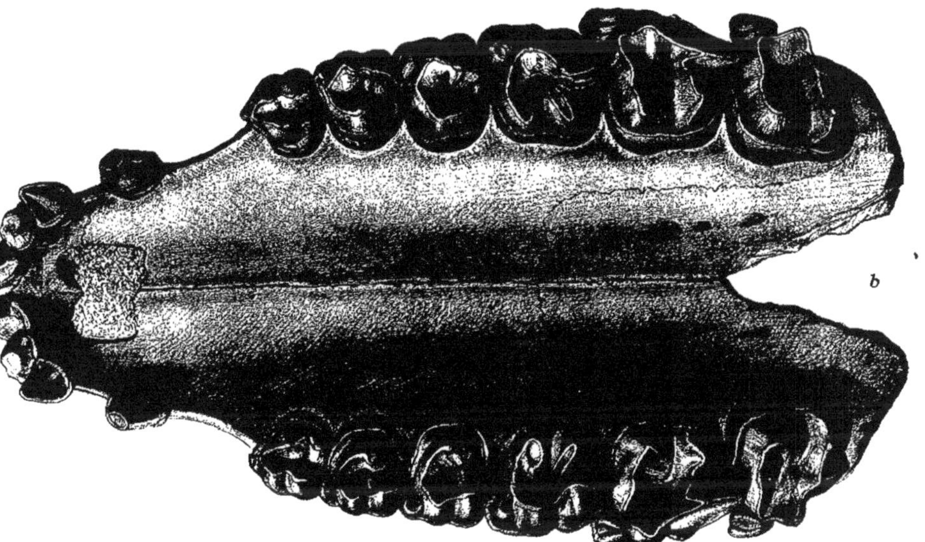

b

2/3 gr. n.   **49** . 48

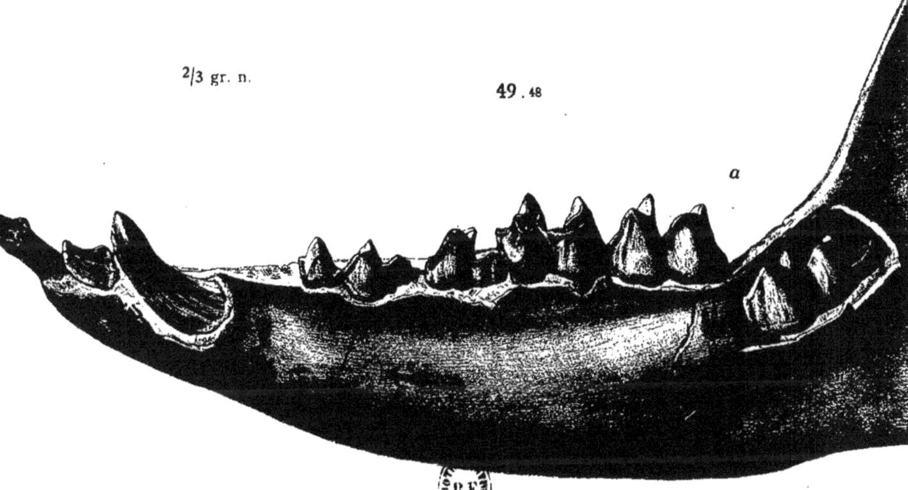

a

Imp. Tortellier et Cie. Arcueil (Seine)

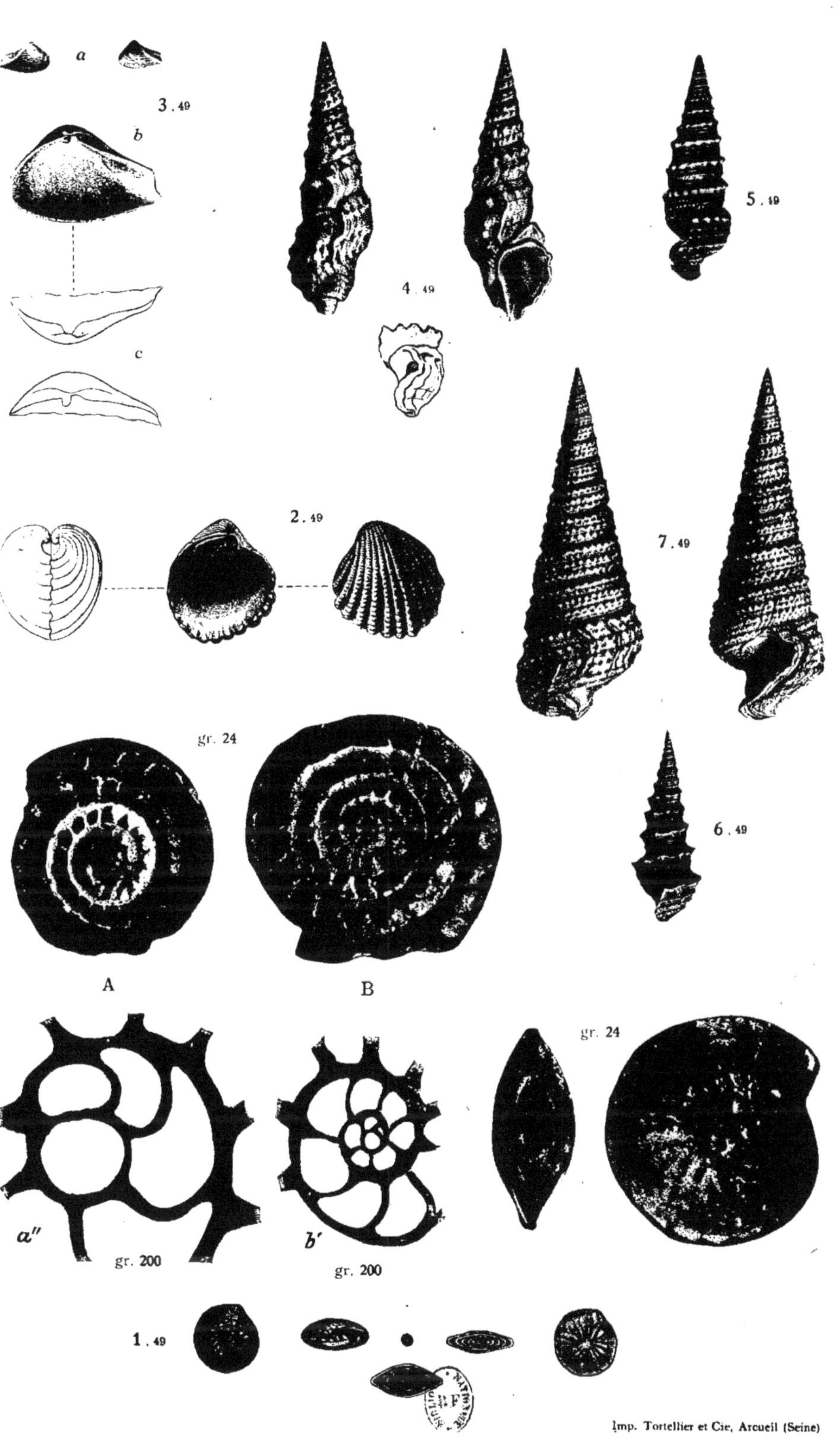

a
b
c
3.49
4.49
5.49
2.49
7.49
6.49
gr. 24
A
B
gr. 24
a''
gr. 200
b'
gr. 200
1.49

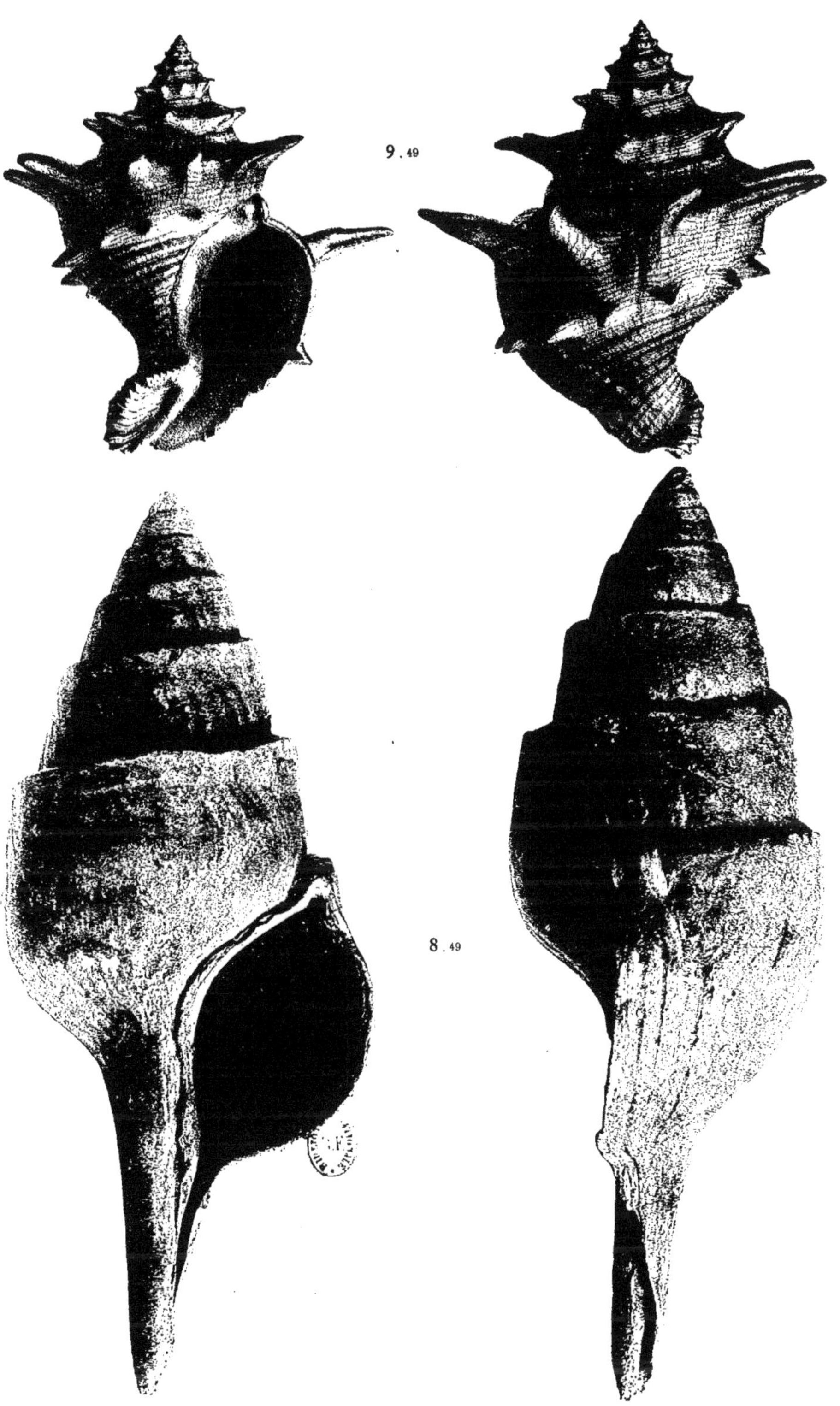

9 . 49
8 . 49

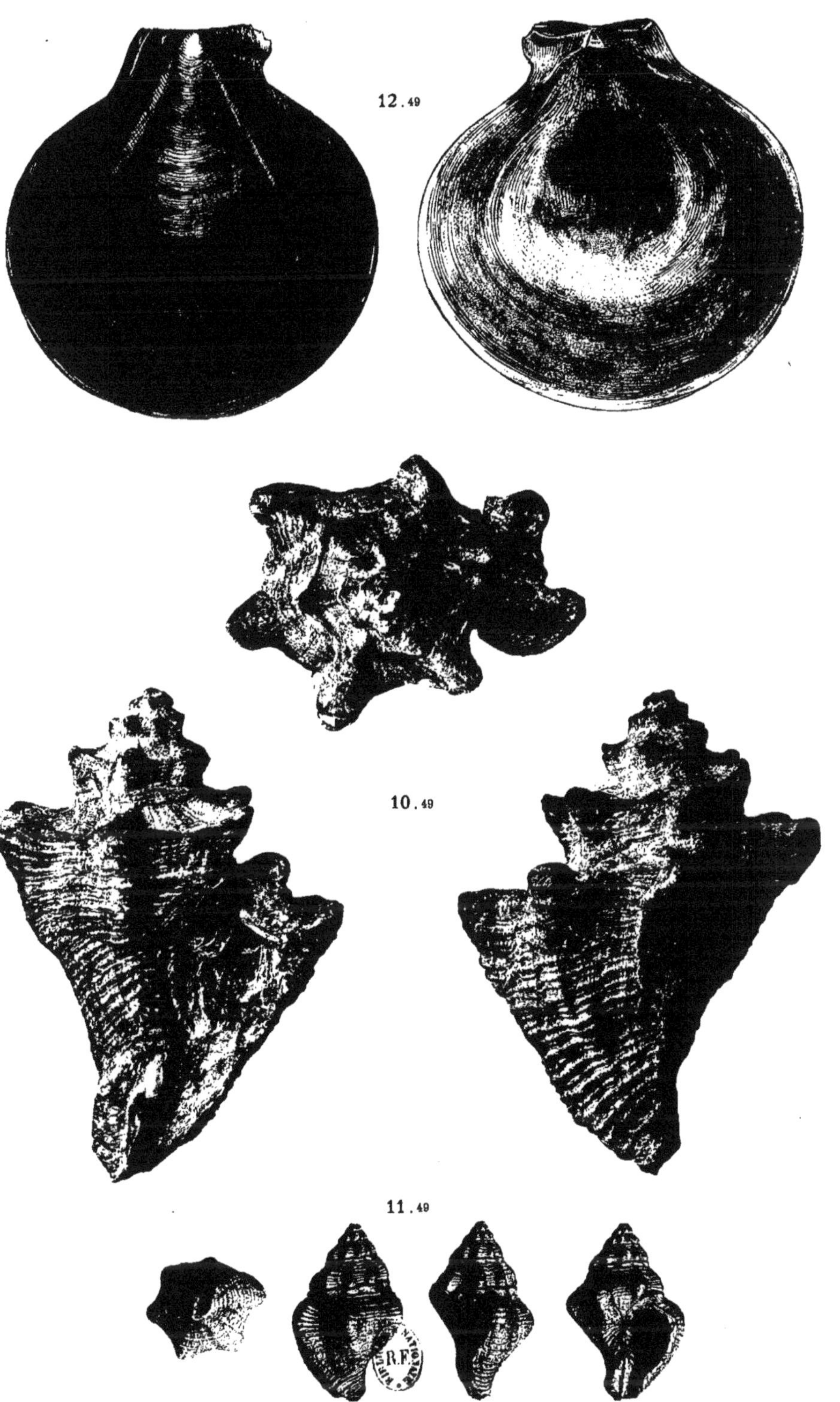

Imp. Tortellier et Cie. Arcueil (Seine)

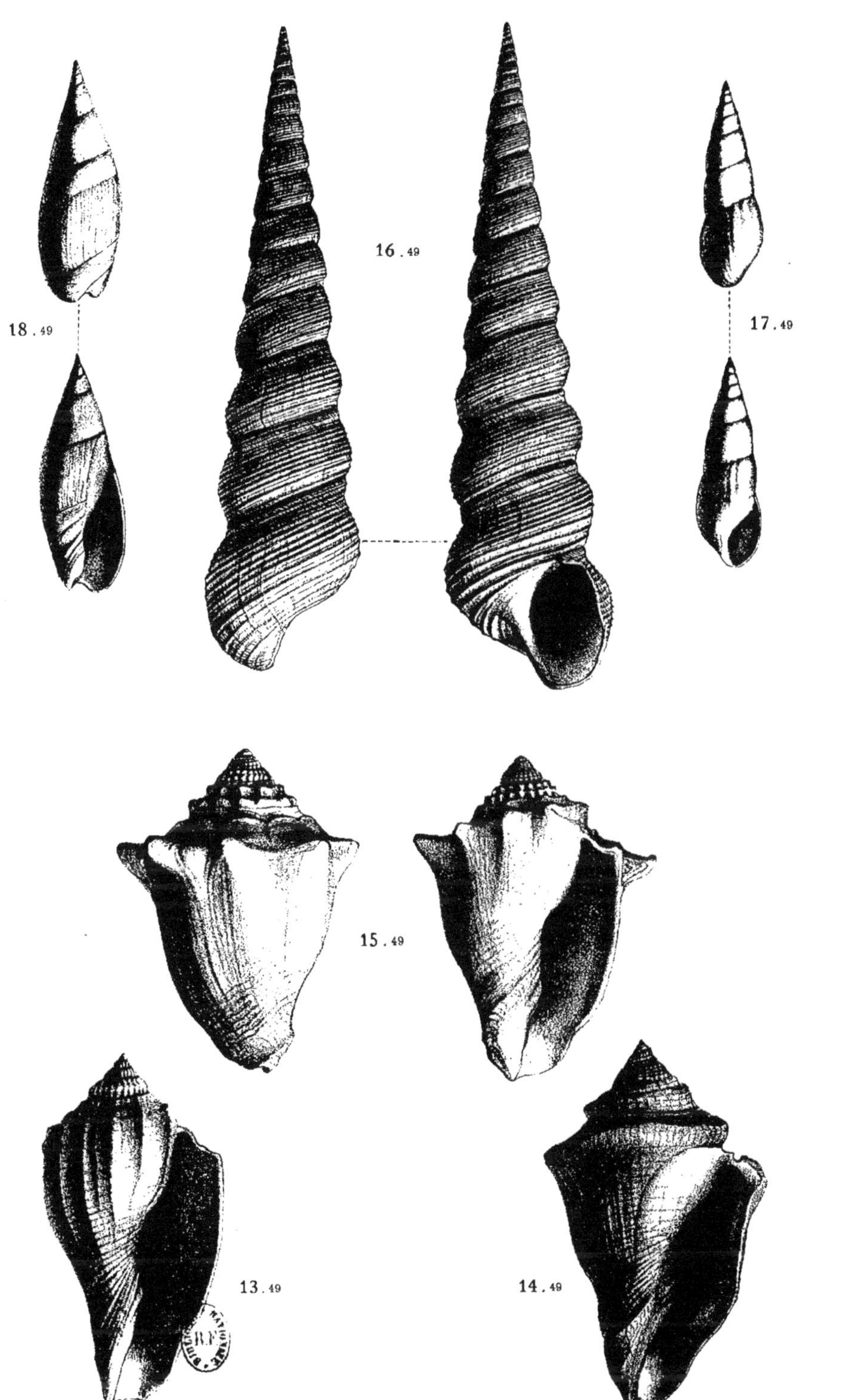
18 . 49
16 . 49
17 . 49
15 . 49
13 . 49
14 . 49

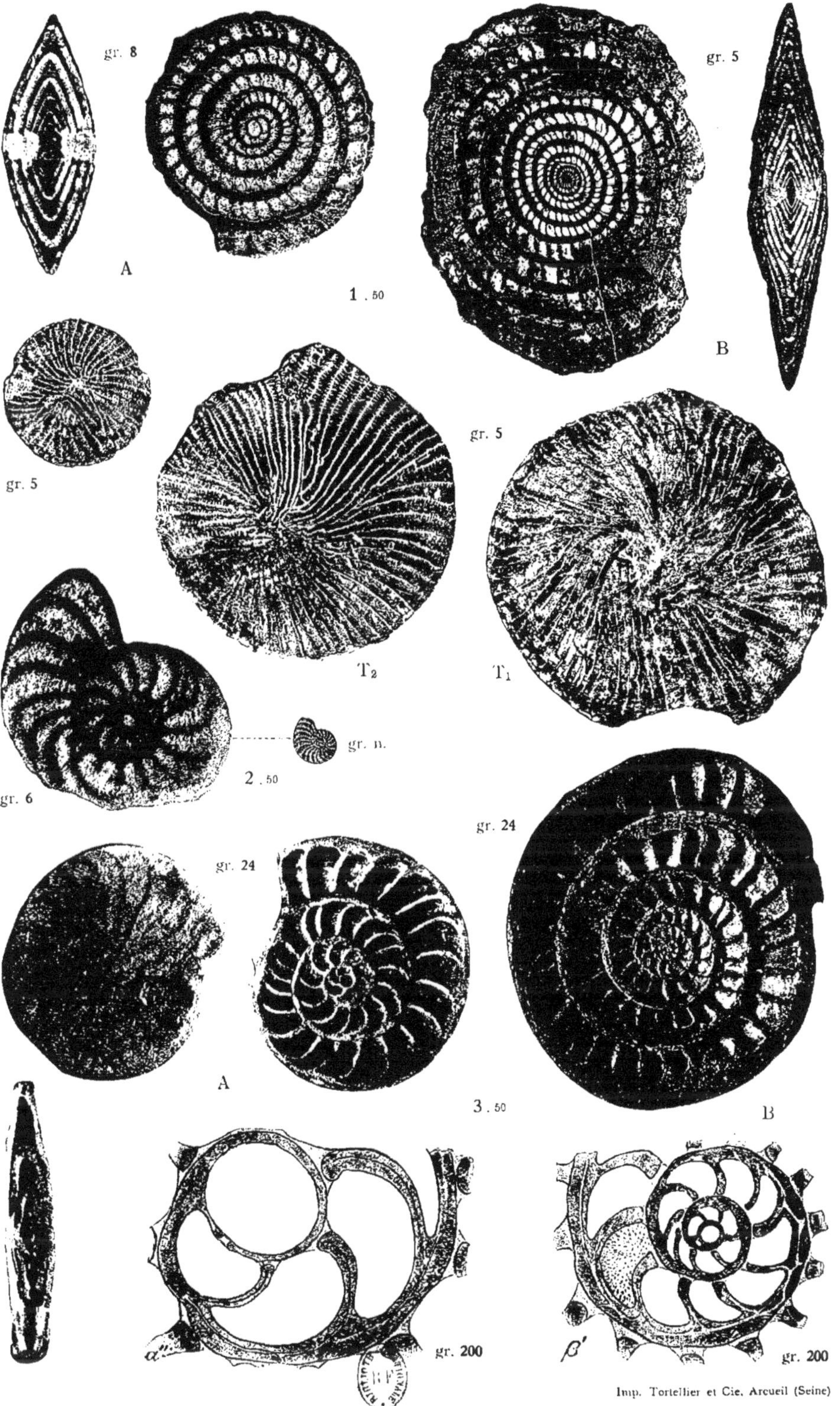

gr. 8
gr. 5
A
B
1 . 50
gr. 5
gr. 5
T₂
T₁
gr. 6
gr. n.
2 . 50
gr. 24
gr. 24
A
3 . 50
B
α‴
gr. 200
β′
gr. 200

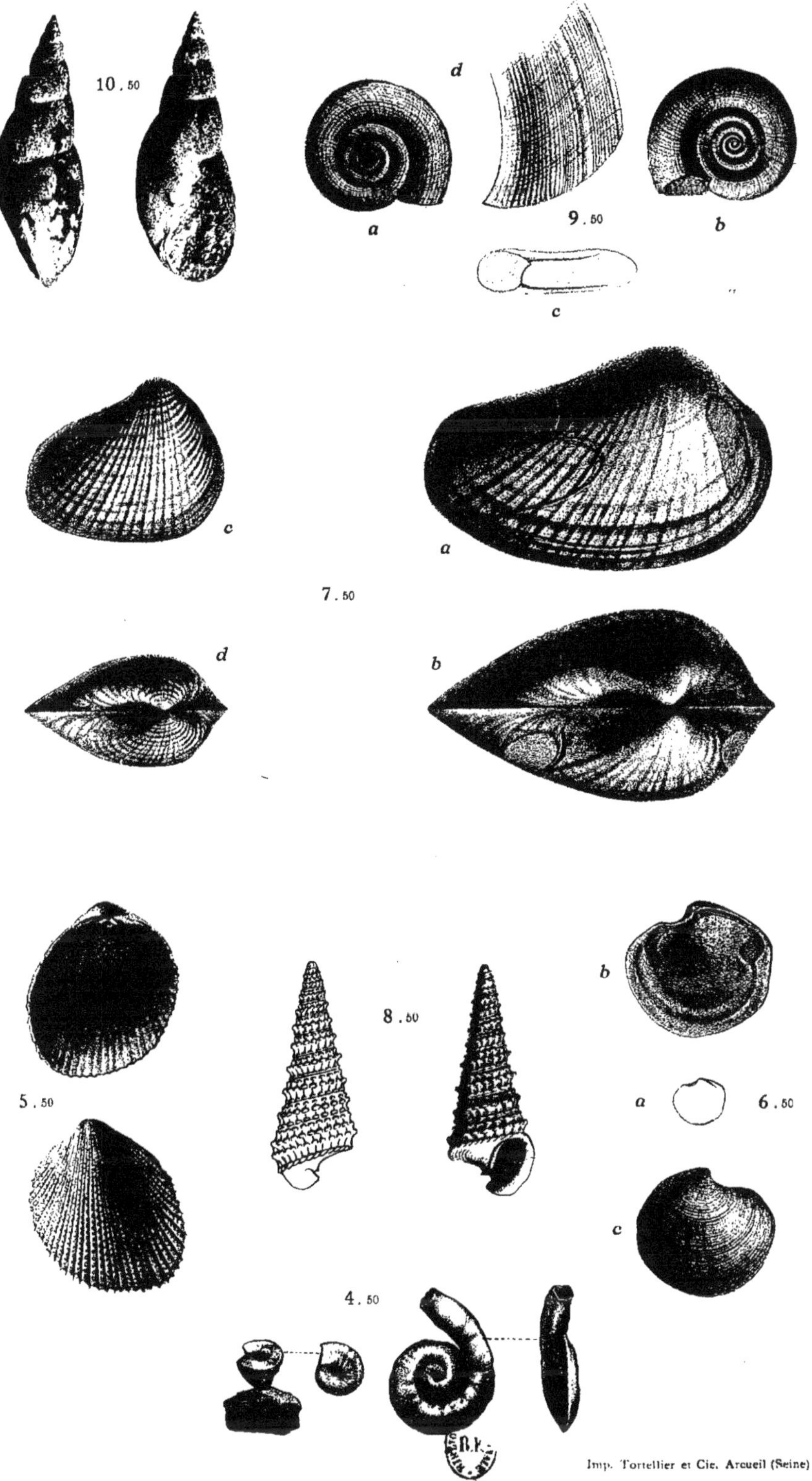

Imp. Tortellier et Cie, Arcueil (Seine)

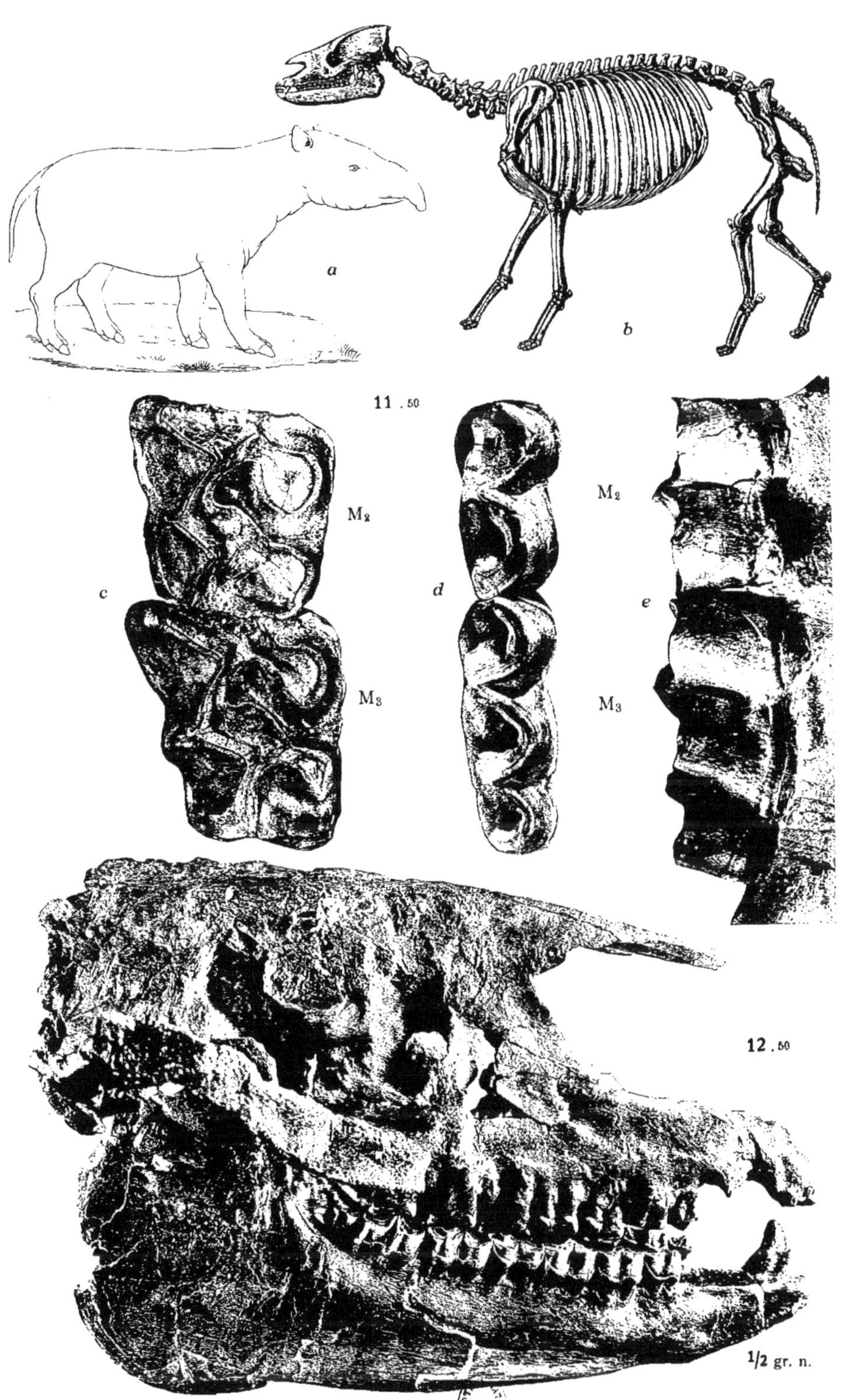

a
b
11 .50
c
M2
M3
d
M2
M3
e
12 .50
1/2 gr. n.
174

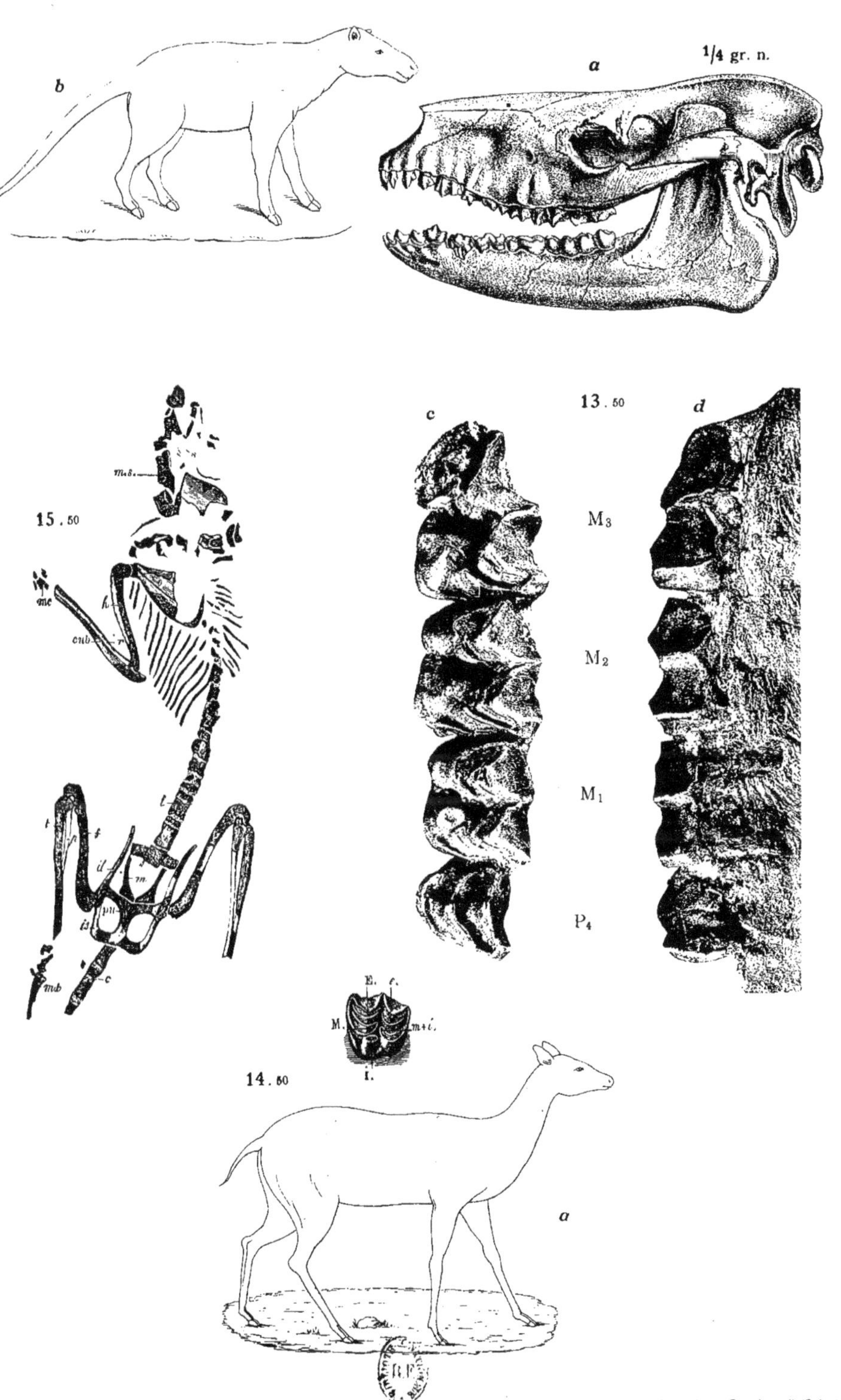

Imp. Tortellier et Cie, Arcueil (Seine)

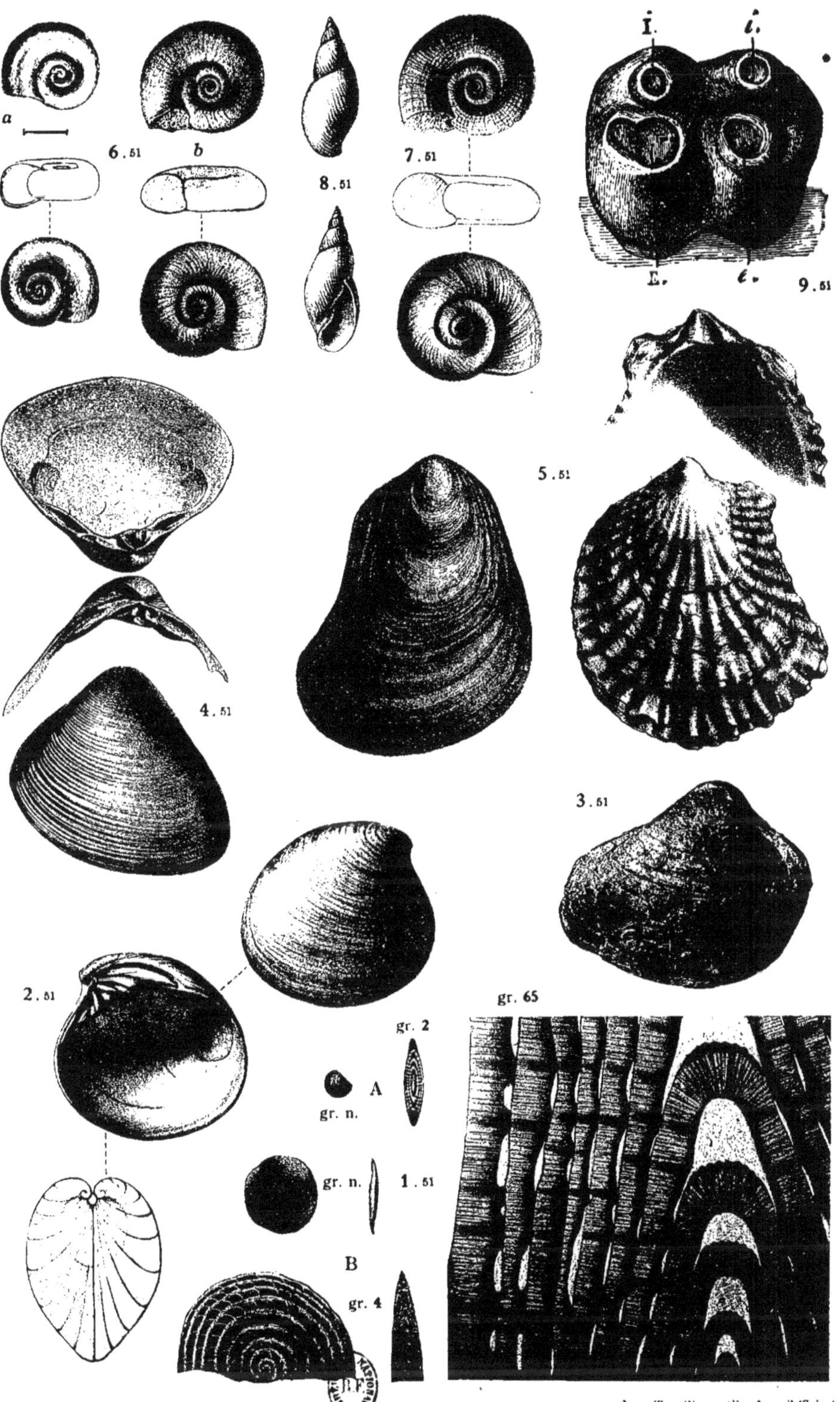

Imp. Tortellier et Cie, Arcueil (Seine)

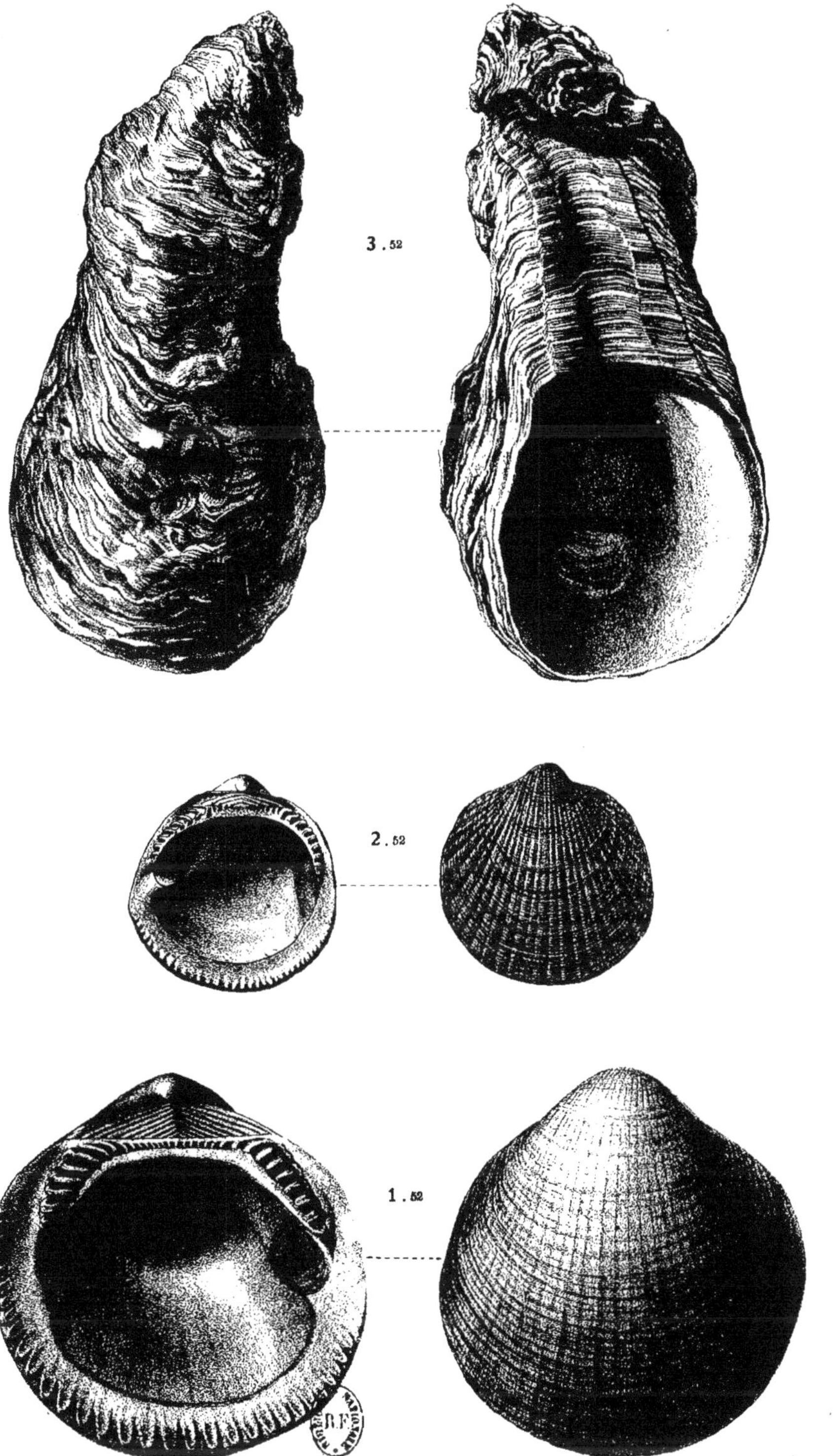

3 . 52
2 . 52
1 . 52

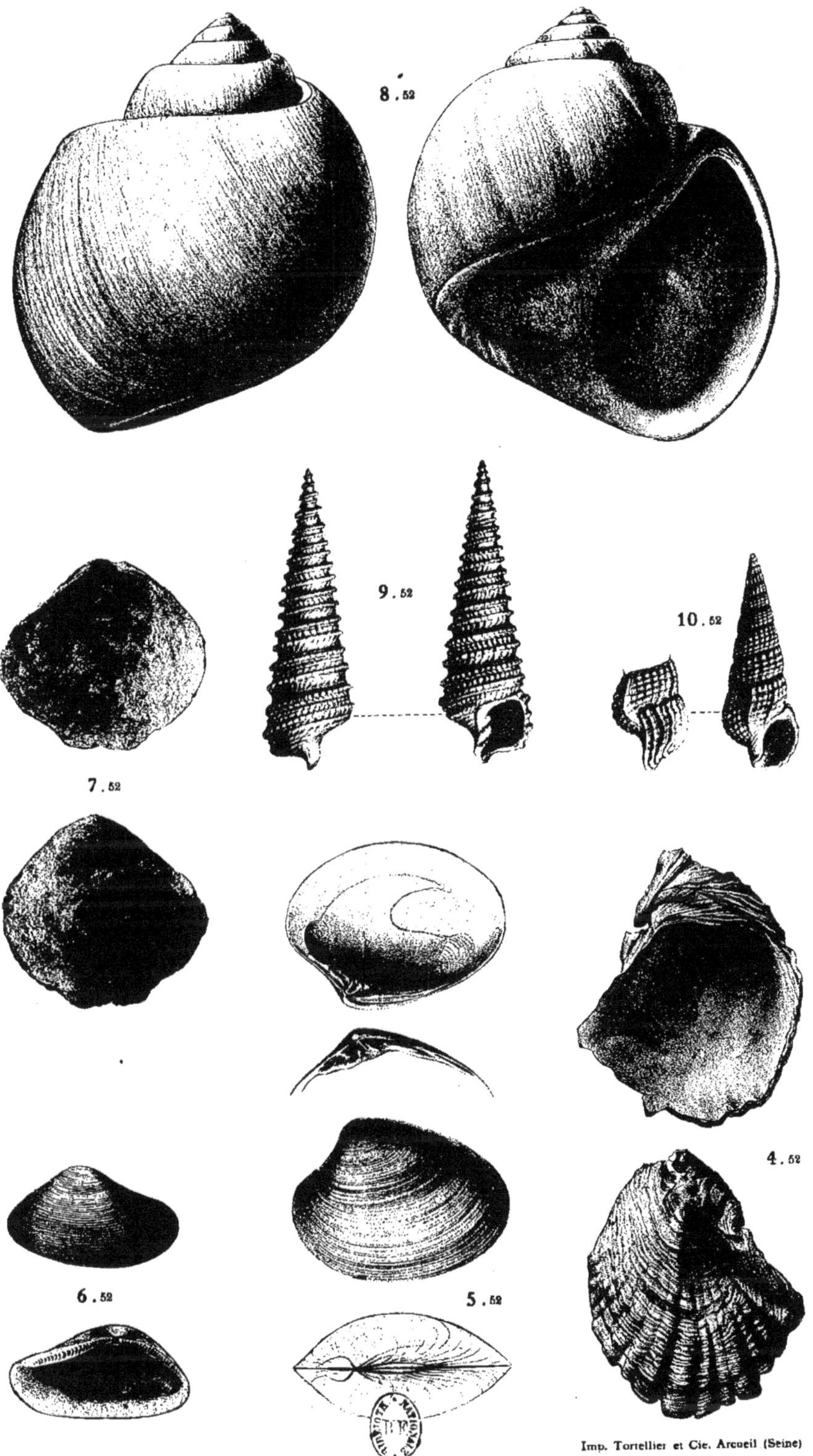

8.52
9.52
10.52
7.52
4.52
6.52
5.52
Imp. Tortellier et Cie. Arcueil (Seine)

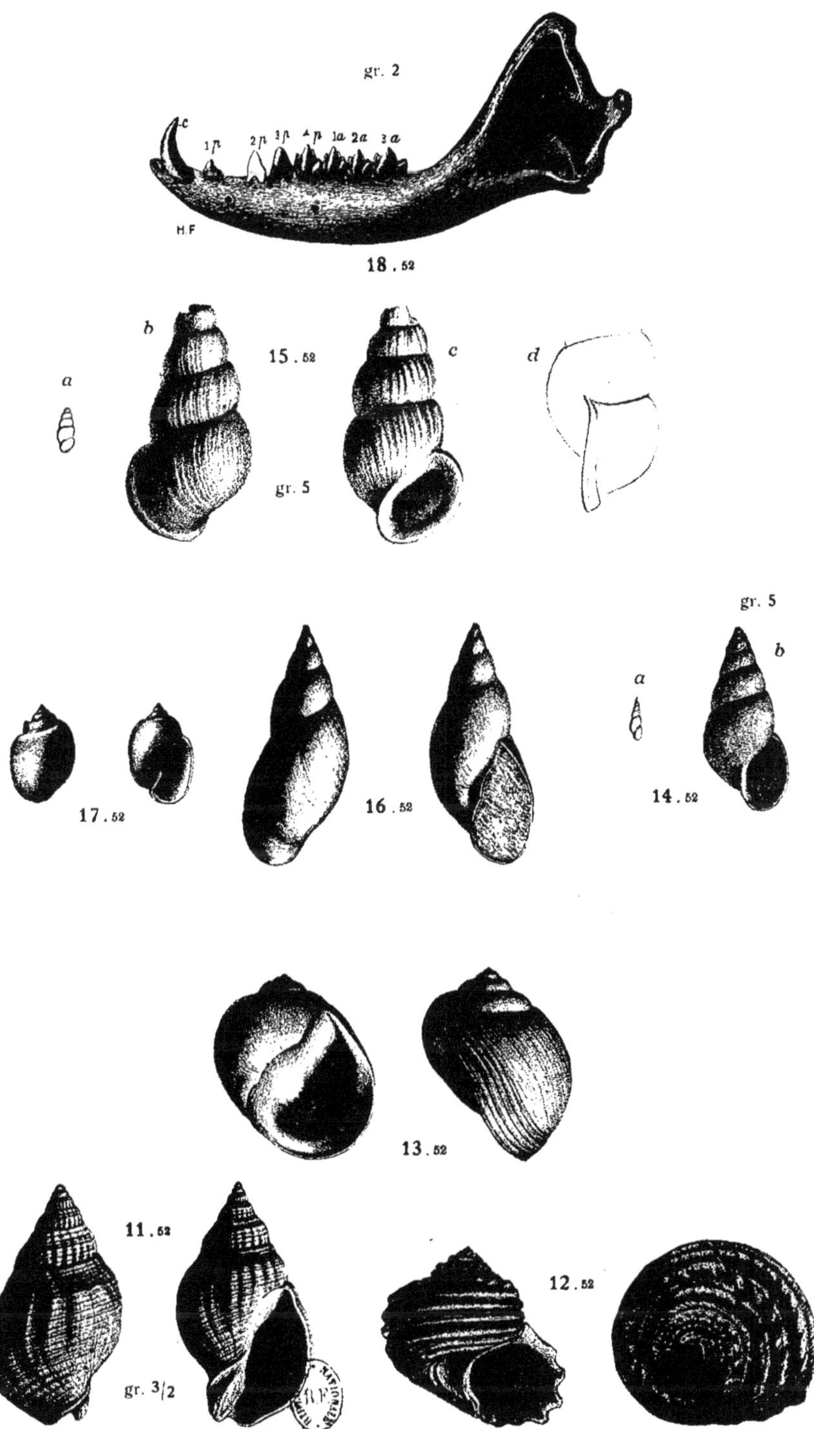

Imp. Tortellier et Cie, Arcueil (Seine)

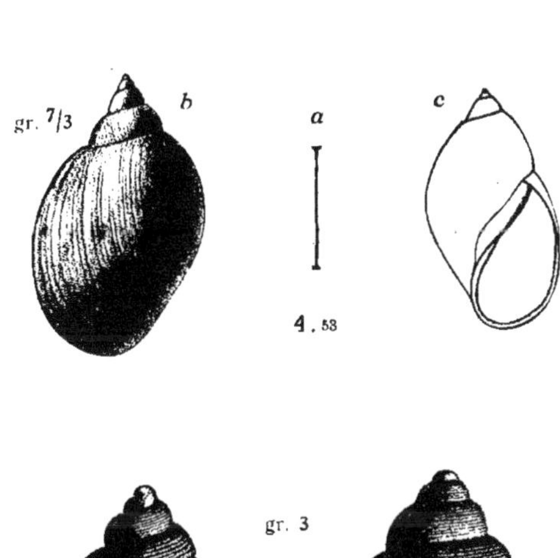

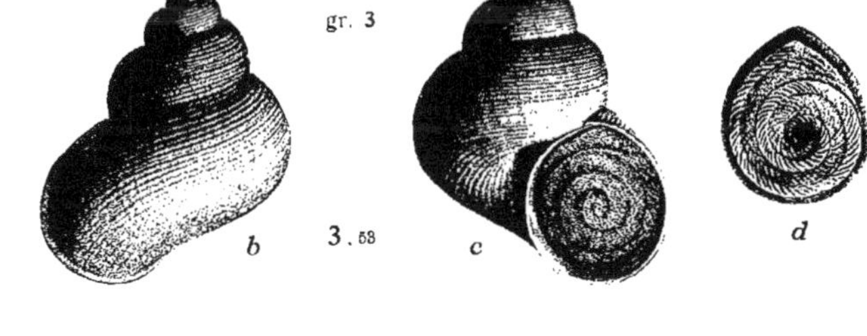

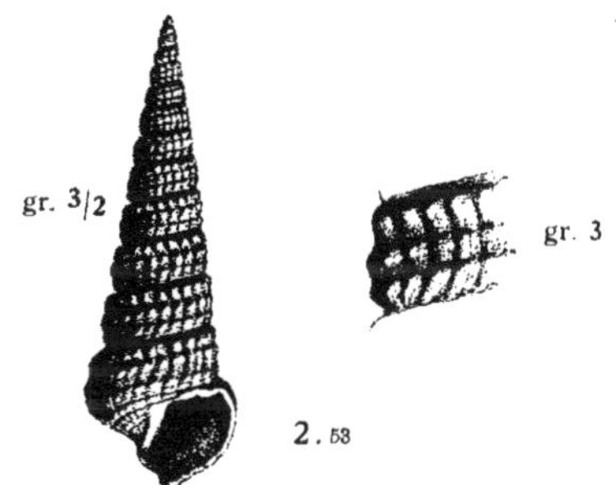

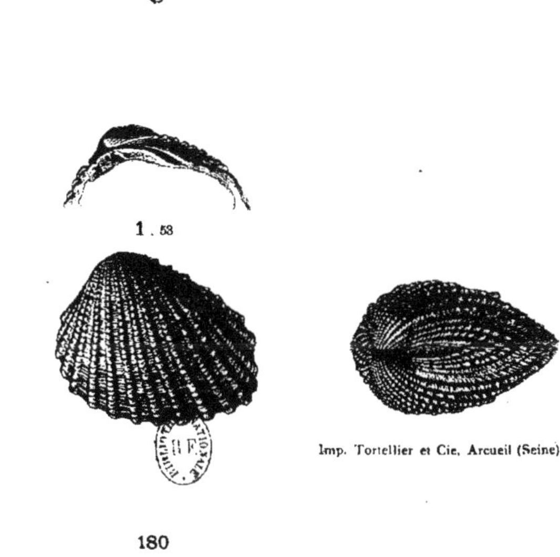

180

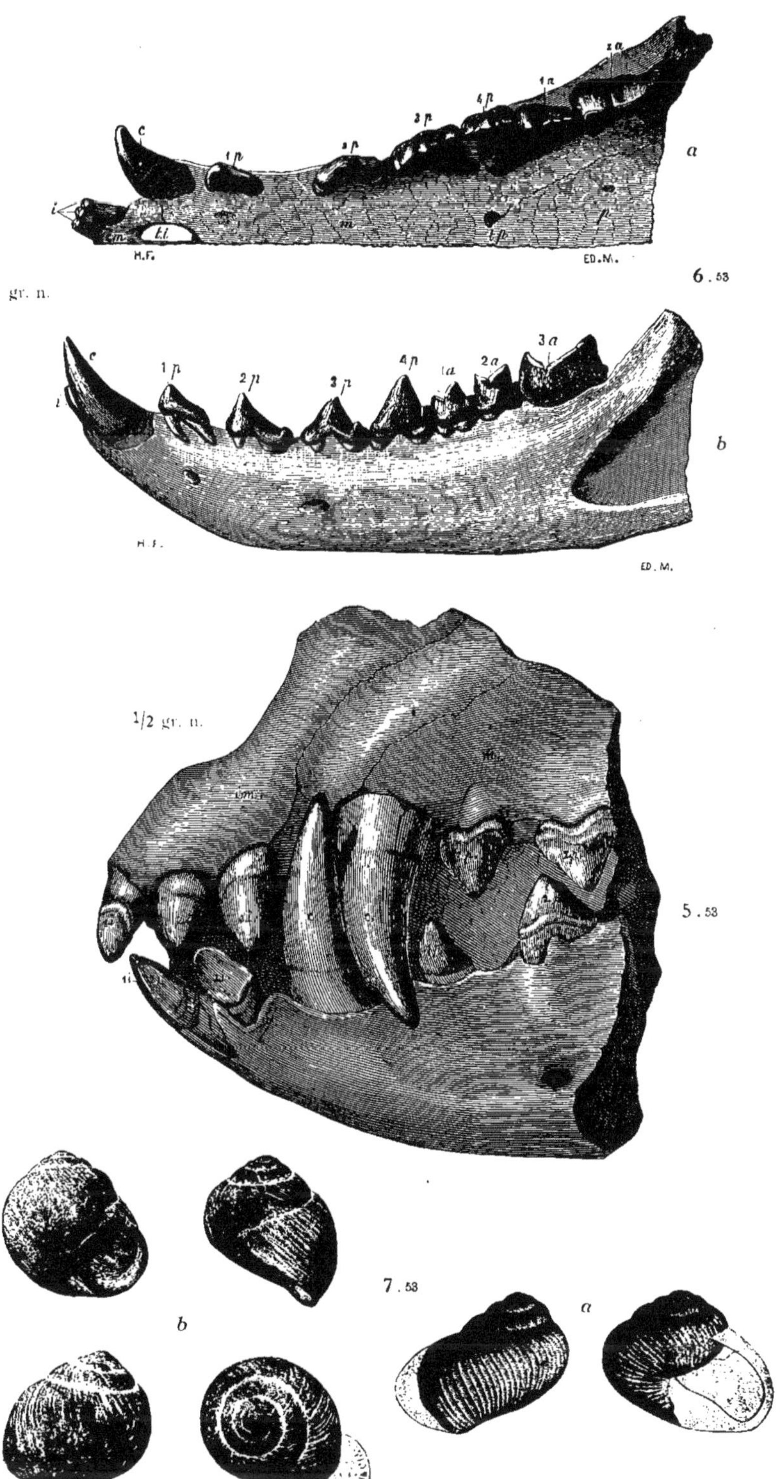

6.53
gr. n.
a
b
1/2 gr. n.
5.53
7.53
b
a

www.ingramcontent.com/pod-product-compliance
Ingram Content Group UK Ltd.
Pitfield, Milton Keynes, MK11 3LW, UK
UKHW022048170726
13837UKWH00002B/847